U0348684

自我  拥抱真实

HEALING
THE CHILD
WITHIN

内在小孩的
探索和疗愈

[美]
查尔斯·L. 怀特菲尔德
Charles L. Whitfield
——
著

姜帆
——
译

机械工业出版社
CHINA MACHINE PRESS

图书在版编目（CIP）数据

拥抱真实自我：内在小孩的探索和疗愈 /（美）查尔斯·L. 怀特菲尔德（Charles L. Whitfield）著 ；姜帆译. -- 北京：机械工业出版社，2024. 12. -- ISBN 978-7-111-77181-4

Ⅰ. B84-49

中国国家版本馆 CIP 数据核字第 20259MN350 号

机械工业出版社（北京市百万庄大街 22 号　邮政编码 100037）
策划编辑：朱婧琬　　　　　　　　　责任编辑：朱婧琬　夏丽华
责任校对：高凯月　张雨霏　景　飞　责任印制：郜　敏
三河市宏达印刷有限公司印刷
2025 年 2 月第 1 版第 1 次印刷
147mm×210mm · 7.75 印张 · 1 插页 · 130 千字
标准书号：ISBN 978-7-111-77181-4
定价：59.00 元

电话服务　　　　　　　　网络服务
客服电话：010-88361066　机　工　官　网：www.cmpbook.com
　　　　　010-88379833　机　工　官　博：weibo.com/cmp1952
　　　　　010-68326294　金　书　网：www.golden-book.com
封底无防伪标均为盗版　机工教育服务网：www.cmpedu.com

赞　誉

我最喜欢的关于内心成长的书、我读过的最好的书，是怀特菲尔德的《拥抱真实自我》。这本书让我对自己身上的问题产生了许多领悟。本书主要是关注那些没有幸福童年的人，以及这些人如何弥补这种不幸。

——谢尔（Cher），出自《谢尔：永远健美》（*Cher: Forever Fit*），罗伯特·哈斯（Robert Haas）著

在所有用通俗语言写作的心理康复书籍中，《拥抱真实自我》对康复的过程提供了最为全面与详细的描述。越来越多的人公开认同并渴望拥抱和抚育这个内在的小孩。从这一点

来看，这种治愈的需要在我们的文化中已经非常普遍了。

——埃琳·奥肖内西（Erin O'Shaughnessy），
执业婚姻家庭与儿童咨询师、执业婚姻家庭与儿童心理治疗师

这本书简要、全面、出色地将治愈内在小孩的理论与实践结合在了一起，我们强烈推荐这本有用的书。

——赫伯特·L. 格拉维茨（Herbert L. Gravitz），哲学博士；
朱莉·鲍登（Julie Bowden），婚姻家庭与儿童咨询师

Healing
The Child Within **推荐序**

　　我很荣幸能为这本经典著作的新版撰写推荐序。

　　作为创伤康复的先驱，查尔斯·怀特菲尔德博士自 1994 年以来，就一直被同行推选为美国最好的医生之一。他的智慧和言语触动了上百万读者的心灵和思想，给他们带来了无价的珍宝——希望。在整个职业生涯里，怀特菲尔德博士慷慨地与其他专业人士和康复中的人分享了他毕生的研究与临床经验。超过 75 位作者引述、引用过本书。这是一个惊人的数字，表明了本书在心理疗愈领域内具有举足轻重的地位。

　　怀特菲尔德博士首次出版《拥抱真实自我》之后的 20 年里，我们在理解创伤对人类心灵的影响方面取得了巨大的进展。本书对于这种理解做出了重大贡献，也因此备受欢迎。怀特菲尔德博士将"内在小孩"（Child Within）称为"我们的一部分，它在本质上是生机勃勃的、充满活力的、有创造力的、充实的"。如果我们的这个部分没能得到抚育，就会产生虚假自我。为了理解这个虚假自我并摆脱它的束缚，怀特菲尔德博士从三个关键的方面着手阐述：儿童虐待与忽视的影响；把讲述我们的故事作为从儿童虐待与忽视的诸多有害影响中康复的关键部分；"十二步骤康复运动"是如何帮助心理疗愈的。

儿童虐待与忽视

如果没有建立并维持亲密和安全关系的技能，生活会是什么样子？如果没有关心、感到懊悔、共情和爱的能力，生活又会是什么样子？建立健康情感关系的能力，与大脑特定部分在生命最初几年里的发育有关。反复的创伤会显著影响健康的发展，往往会使儿童陷入失控的"战或逃"状态。这种状态通常被称为创伤后应激障碍（post-traumatic stress disorder，PTSD），怀特菲尔德博士在第7章讨论了这个话题。儿童时期的痛苦和发展受损，也会导致成年后难以感受生理唤醒与快乐。在本书中，怀特菲尔德博士指出了儿童虐待在问题家庭中有多么普遍，并描述了许多创伤的表现形式。例如，近年来的研究表明，忽视与情感虐待对于成长中的儿童的伤害不亚于身体虐待或性虐待。

怀特菲尔德博士解释道："对于婴儿与儿童来说，虽然严重的身体虐待和明显的性虐待显然会被视为创伤，但其他形式的儿童虐待可能很难被视为虐待。这些虐待形式可能包括轻度到中度的身体虐待、隐蔽或不明显的性虐待、精神或情感虐待、儿童忽视等。"

早在一岁时，儿童就能够表达情绪，并且对感受与行为具备一定的控制能力。我们正是在这个成长的关键时期，学会了如何与自己、与他人相处。

整合我们的故事

我们的故事可以告诉我们很多关于我们自己的事情。为什么讲述我们的故事如此重要？虽然这个问题很复杂，但研究者和临床工作者正在寻找答案。怀特菲尔德博士令人信服地解释道："我们会开始看到，我们现在所做的事情和我们小时候发生过的事情之间的联系。我们在分享自己的故事时，会开始摆脱受害者或殉道者的身份，摆脱强迫性重复。"

研究表明，最重要的不是在我们童年时期真实发生的事情，而是我们对这些事情的理解（或不理解）。换言之，逻辑连贯的个人故事意味着情绪与智力的整合。怀特菲尔德博士曾说："讲述我们的故事，是发现与治愈我们内在小孩的有力行为。"这个简单的行为会让我们的大脑同时执行多个任务，包括感受、行为、意识觉察与感觉的融合。在这个过程中，我们会理解并重构生活事件、行为与情绪，使之成为更深刻、更健康的整体。

这种整合在安全的地方最有效，比如在团体或个体心理治疗、自助小组活动、写日记时，或者与最好的朋友谈心时。在过去 50 年的研究中，得出一致结论最多的发现之一，就是治疗关系的安全度、处理治疗关系的熟练度，是治疗成功的最佳预测因素。在具备这种因素的情况下，临床工作者可帮助一个人在安全的地方找到生命故事的意义。在这样的场合，患者能够承担风险，放下一些对痛苦的不健康防御，听到脑海中支持性的低语，同时对自我和自己眼中的世界产生新的领悟。有些人会把这种情况称为"顿悟"或"啊哈"体验。他们此时会与自己产生更多的接触——联结更多、防御更少、整合程度更高。所有这些都是个人成长。

有人将"自我"描述为一个不断剥去外皮的洋葱。每一层皮都是需要发现与整合的新篇章。怀特菲尔德博士解释道："当我们开始转变时，我们会把这种转变整合并应用于我们的日常生活。整合就是指将孤立的部分组成整体。"重要的是要理解整合与我们的幸福之间的关系。我们大脑的整合程度越高，它就越复杂、越健康，下面的故事就说明了这一点。

马库斯在一个酗酒的家庭里长大。他的父亲是一个暴虐的酗酒者，常用皮带打马库斯。

12岁的时候，马库斯决定再也不让任何人伤害自己。从那一刻起，他宣布："如果有人再敢打我的脸，我就揍他。"尽管马库斯有许多酒友，但他与男性权威人物（如上级、教师、警察和男性心理治疗师）之间始终存在问题。当被问到这个问题时，他说："好像有另一个人在我的身体里，他控制了我，我无能为力。"在治疗期间，马库斯很难控制自己的情绪，似乎无法用语言来表达。他这样描述自己的愤怒："只有两种极端——我要么没有任何感觉，要么感觉太多。"

大脑的大部分语言都是由我们的感受来表达的，但马库斯说不出自己的感受，也不能很好地处理感受。我们把这种困难称为整合问题。马库斯可以用一些技巧来帮助自己。一种技巧是感知，然后理解并及时有效地做出反应——这些都可以通过参与康复项目来实现。还有一种是冥想，这种方法有助于改变大脑的功能。比如，正念冥想可以补充精神与情绪的能量，并促进人们对生活产生新态度和新反应。在你手中的这本书里，怀特菲尔德博士向我们展示了如何一步一步地运用这些康复技能。

像马库斯这样的孩子，他们从小在创伤性的环境中长大，他们会形成过度活跃的脑干。大多数应激反应系统都位于这个区域，这种兴奋度的增加会导致恐惧、焦虑、愤怒、暴怒和冲动。反复经历童年创伤，也会出现共情、问题解决、抽象思维与概念化能力等方面的问题。此外，像马库斯这样的人可能会高估威胁的程度，或者误解面部表情等视觉线索，导致他们无法调节情绪痛苦。请想象一下，如果他在早期康复过程中遇到让他想起过去创伤的情况，那会发生什么。比如，如果工作中的男上司对他发火，马库斯的大脑就会习惯性地进入"战或逃"模式，进而再次导致怒火爆发。

《拥抱真实自我》阐述了康复的 14 个核心问题。其中包括控制或缺乏控制的问题。对于马库斯和许多其他人来说，对于失去控制的恐惧会导致自我伤害的行为。在过去，男性权威人士告诉他，他们会终止他的治疗、解雇他、把他关进监狱或者以其他方式惩罚他。然而，这些反应只会强化马库斯的这种看法：如果他让这些人接近自己，他们就会伤害他。在治疗环境中，马库斯可以学着打破这种不良的失败模式。他可以学着自我调节、自我安抚。《拥抱真实自我》清楚地阐明了这个改变的过程。

心理治疗的主要焦点是整合感受（情绪）与思维（认知），促进个人成长。马库斯很难说出并处理自己的感受。他怎样才能最好地促进这种平衡与整合呢？千百年来，我们一直在用故事传达各种各样的信息，包括我们生活中的心理、情绪和身体层面的信息。通过与治疗师、治疗团体或互助会成员共同创造一个故事，我们可以整合并治愈我们应激失调的大脑和身体。这种平衡与整合可以带来新的领悟。马库斯很可能会学着摆脱他儿时愤怒的应对与求生反应。这种愤怒多年以来给他带来了许多问题。作为当时一个 12 岁的孩子，那是他的大脑所能采用的最好的生存策略。随着对自我安抚技能（如命名、重构与冥想）的学习，他的大脑可以开始在这种过去常引发愤怒和暴怒的情境下放松。

这就是怀特菲尔德博士在这本经典著作中提到的整合。成为一个整体，就是意识到我们拥有平和的能力，能够理解自我和他人，并逐渐做到这一点。

十二步骤康复运动

怀特菲尔德博士写道："灵性最简单的定义之一，也许就是我们与自我、他人和世界的关系。"

一个人不一定要有信仰才能有灵性。灵性的益处包括谦卑、内在力量、生活的意义感和目标感、对自我和他人的接纳、内心和谐、宁静、感恩和原谅。

冥想和灵性之间的关系已经有了详细的文献记录。冥想和灵性都涉及一种释放自我、超越时间与空间的感觉。灵性与治愈有着紧密的联系。从常识的角度来看，灵性在用于康复时，就会成为一种力量。

有很多方法可以增强灵性。对于马库斯来说，参与十二步骤项目，并与重视灵性的人为伴，也许是很重要的一点。学会欣赏生命中许多灵性的时刻，对他来说也很重要。过上有意义的、充实的生活能增加快乐，减少孤独、空虚和痛苦。

怀特菲尔德博士解释道："……我们就能开始看到，幸福不是我们主动获取的东西。相反，幸福、平和或宁静是我们的自然状态。在我们所有人为增添的感受与体验之下，在我们的自我设限之下，蕴藏着宁静本身。"

1986 年，在本书首次出版的时候，它就走在了时代的前沿。时至今日，《拥抱真实自我》仍然是创伤心理学与创伤康复领域的一本开创性的著作，就像 20 年前一样。我欢迎你翻开这本书，我知道你会在里面找到疗愈与智慧。

卡德韦尔·C. 纳科尔斯（Cardwell C. Nuckols），

文学硕士，哲学博士

Healing
The Child Within

目　录

　　1986 年，我写作这本书，只是为了给我的患者提供一种教育性的辅助资料和"阅读治疗"。书中的那些简单的疗愈性内容，都建立在我多年来从患者（多数都是童年时受过创伤的成年人）身上得出的观察结论，以及我当时从该领域的临床与科研文献中所学到的东西之上。当时我并没有打算把本书卖给普通大众，也没有预料到它能卖出 100 多万册——更没有想到它会被翻译成十多种语言。

　　本书中几乎所有的原创内容和原则，都经受住了后来的、当下的临床科学与研究发现的考验，这一点实属不易，但并非出乎意料。在过去的 20 年里，这些发现证

实了在充满创伤和伤害的家庭里成长会给人带来有害的
影响。在所有这些让人痛苦的影响中，我将在第 7 章探
讨的创伤后应激障碍——也许是经受创伤的成年子女身
上最常见、最严重的障碍。

实证研究

　　我十年来的研究，以及我阅读的超过 330 篇科学研
究（在世界范围内有超过 23 万名被试）都表明，这样的
创伤也可能导致许多其他的有害影响。这些影响会体现
在其他方面，包括一种或多种常见的所谓精神障碍（从
抑郁、成瘾到精神分裂症）以及一系列躯体障碍。

　　这些疾病也被称为"创伤谱系障碍"，它们与反复经
历童年创伤有着很强的联系。此外，与当前的精神病学
认识不同的是，这些疾病是由遗传性的大脑化学紊乱所
引起的，相关证据非常欠缺。事实上，对于这些疾病的
研究如果发现了任何大脑异常（这是必然的），这些异常
很可能是造成该障碍的机制，而重复的童年创伤和后来
的创伤才是这种机制与障碍的成因。[1]

　　自 1986 年以来，我们了解了几件更重要的事情。很
多家庭都不正常，因为这些家庭都不能满足和支持孩子

的健康需求。这样一来，孩子从出生到成年的正常、健康的神经、心理成长与发展就受到了阻碍。为了生存，受创伤的孩子的"真实自我"（"真我"或"内在小孩"）就会隐藏在无意识心灵的最深处，呈现在外的则是虚假自我。虚假自我会试图控制我们的生活，但无法成功，因为它只是一种对抗痛苦的防御机制，并不真实存在。它的动机更多地基于对于正确与控制的需求。

治愈内在小孩的意义以及
"酗酒者子女协会"运动

我在本书中描述的治疗方法得到了无数人的证实。他们运用这种方法的原则恢复了健康。我将其六个主要启示总结如下。

觉醒。借助治疗师的帮助或自发地意识到，康复不仅是"不喝酒"（或不试图控制别人的成瘾行为），以及去参加互助会。许多人尝试过这种做法，虽然有所改善，但他们仍然感到痛苦。许多人把成瘾的方向转移到食物、金钱、工作、不健康的关系或其他自我伤害的强迫行为上。许多人还发现，他们服用的精神药物没有起到很好的效果，而且带来了令人厌恶或有害的作用。[1, 2]

　　发现与识别。发现与识别我们的"真实自我"（"内在小孩"）与灵性。对许多康复中的人来说，他们会有一种更广泛、更普遍、更具体验性、更能给人以生命力和成长的灵性体验。

　　认可。认可我们在问题家庭中成长的经历。我们当中有许多人成长于酗酒的家庭，还有些人成长于其他的问题家庭。

　　允许。允许自己接受康复的疗愈治疗。传统的精神健康模型认为患者有某种精神障碍或"心理病理现象"，这种方法与此不同，它重新定义了痛苦，不再秉持"痛苦是坏的、病态的、疯狂的或愚蠢的"的旧观点，而是将痛苦看作对不正常童年环境的正常反应。[1, 2]

　　明晰结构。明确完成疗愈过程所需的具体步骤。我在本书中阐述了这些具体步骤，在《给自己的礼物》（*A Gift to Myself*）与《我的康复》（*My Recovery*）中有更详细的阐释。[3, 4]

　　康复。从我们困惑、痛苦和缺乏目标、意义与满足感的生活中恢复健康。[3]

▫　▫　▫

　　在重读本书、为这次再版做准备时，我修正了一些

拼写错误、过时的术语和句子，但没有改变基本的文本
与治疗的信息。我还提供了新的参考文献，以便更易
阅读。

耐心与坚持

要从创伤的影响中康复，在不正常的家庭中成长，
需要耐心与坚持。我们自然迫不及待地想要到达终点，
跳过艰苦的疗愈工作，一刻也不想耽搁。成功康复的一
个重要部分，就是学会准确地说出发生在我们身上的事
情，以及我们内在生活的组成部分，包括说出我们的各
种感受，学会容忍情绪痛苦，而不是用药物或其他手段
消除痛苦。

最深刻的疗愈原则之一，就体现在"一步一个脚印"
这句话里。尽管疗愈需要很长的时间，但只要将这句格
言铭记于心，我们的看法就会立即改变——康复之旅不
仅变得更容易忍受，而且更有意义了；与此同时，我们
也能专注于当下。在我们为掩埋起来的痛苦而哀伤，修
通我们的核心康复问题时，我们要耐心地、慢慢地释放
我们过去未解决的内部冲突。我们会逐渐发现，我们未

来的终点尚未注定。我们的生活就在当下，这才是我们
最终能找到平静的地方。

查尔斯·L.怀特菲尔德，医学博士
于佐治亚州亚特兰大，2006

1. Whitfield, C.L.: *The Truth about Depression: Choices for Healing.* Health Communications, Deerfield Beach, Florida, 2003

2. Whitfield, C.L.: *The Truth about Mental Illness: Choices for Healing.* Health Communications, Deerfield Beach, Florida, 2004

3. Whitfield, C.L.: *My Recovery: A Personal Plan for Healing.* Health Communications, Deerfield Beach, Florida, 2003

4. Whitfield, C.L.: *A Gift toMyself: A PersonalWorkbook and Guide to the Healing My Child Within.* Health Communications, Deerfield Beach, Florida, 1990

1

Healing The
Child Within

第 1 章

发现内在小孩

　　"内在小孩"的概念成为我们世界文化的组成部分，已经至少有 2000 年的历史了。卡尔·荣格（Carl Jung）称之为"圣童"（Divine Child），埃米特·福克斯（Emmet Fox）称之为"神奇小孩"（Wonder Child）。爱丽丝·米勒（Alice Miller）与唐纳德·温尼科特（Donald Winnicott）两位心理治疗师将其称为"真我"（true self）。酒精成瘾和其他化学物质依赖领域的许多学者将其称为"内部小孩"（inner child）。

　　"内在小孩"指的是我们的一部分，这部分本质上是生机勃勃的、充满活力的、有创造力的、充实的。它是我们的"真实自我"——我们本来的模样。

　　在父母无意中的影响和社会的教化下，我们大多数人都否认了自己的内在小孩。如果这个内在小孩得不到抚育或自由的表达，就会产生虚假的、依赖共生的自我。我们开始以受害者的姿态生活，在疗愈情感创伤方面会遇到困难。在心理与情绪方面，未完成的事件逐渐积累会导致人感到长期的焦虑、恐惧、困惑、空虚与不幸福。

对内在小孩的否认，以及随后出现的虚假自我、消极自我，在那些成长于问题家庭的孩子和成年人身上特别常见，比如成长于长期受身体、精神疾病折磨的家庭，或者僵化、冷漠、缺乏抚育的家庭的人。

然而，仍有一条出路。有一种方法可以发现并疗愈我们的内在小孩，摆脱依赖虚假自我的束缚与痛苦。这就是本书的主题。

这本书能帮到我吗

并非每个人小时候都遭受过不良对待或虐待。没有人真正知道，有多少人在成长过程中得到过足够多、足够好的爱、指导和其他抚育。我估计这个比例大约为 5% ～ 20%。这意味着 80% ～ 95% 的人都没有建立稳定的健康关系，没有得到对自我和自己的行为感觉良好所需要的爱、指导和其他抚育（Satir，1972；Felitti et al.，1998）。

虽然很难确定你与自己和他人的关系是否健康，但回答下面的一些问题可能会有所帮助。

我将这个问卷称为"康复潜力调查表"（Recovery

Potential Survey），因为其中的问题不仅反映了我们所受的伤害，还反映了我们的成长潜力，以及过上充满活力、敢于冒险的幸福生活的潜力。

康复潜力调查表

请在最能表达你真实感受的选项处画圈或打钩。

（1）你会寻求认可和肯定吗？

从不　　很少　　偶尔　　时常　　经常

（2）你是否意识不到自己的成就？

从不　　很少　　偶尔　　时常　　经常

（3）你害怕批评吗？

从不　　很少　　偶尔　　时常　　经常

（4）你是否过度劳累？

从不　　很少　　偶尔　　时常　　经常

（5）你有强迫行为的问题吗？

从不　　很少　　偶尔　　时常　　经常

（6）你有追求完美的需求吗？

从不　　很少　　偶尔　　时常　　经常

（7）在生活一帆风顺的时候，你是否会感到不安？

从不　　很少　　偶尔　　时常　　经常

（8）你是否在危机中感觉更有活力？

从不　　很少　　偶尔　　时常　　经常

（9）你是否觉得照料别人很容易，照料自己却很困难？

从不　　很少　　偶尔　　时常　　经常

（10）你是否会远离他人？

从不　　很少　　偶尔　　时常　　经常

（11）面对权威人士和愤怒的人，你是否会感到焦虑？

从不　　很少　　偶尔　　时常　　经常

（12）你是否觉得有些人或整个社会都在利用你？

从不　　很少　　偶尔　　时常　　经常

（13）你在亲密关系中有问题吗？

从不　　很少　　偶尔　　时常　　经常

（14）你会吸引或寻找那些有强迫倾向的人吗？

从不　　很少　　偶尔　　时常　　经常

（15）你是否因为害怕独处而执着于关系？

从不　　很少　　偶尔　　时常　　经常

（16）你是否经常怀疑自己的感受和别人表达的感受？

从不　　很少　　偶尔　　时常　　经常

（17）你是否觉得表达自己的情绪很难？

从不　　很少　　偶尔　　时常　　经常

如果你对这些问题的回答中有"偶尔""时常"或"经常"，那么你会发现，继续阅读本书是有帮助的。（经许可，这些问题改编自 AI-Anon Family Group，1984。）

其他可以思考的问题如下。

（18）你是否害怕：

- 失控

  从不　　很少　　偶尔　　时常　　经常

- 自己的感受

  从不　　很少　　偶尔　　时常　　经常

- 冲突与批评

  从不　　很少　　偶尔　　时常　　经常

- 被排斥或被抛弃

  从不　　很少　　偶尔　　时常　　经常

- 失败

  从不　　很少　　偶尔　　时常　　经常

（19）你是否很难放松或享受乐趣？

从不　　很少　　偶尔　　时常　　经常

（20）你是否有强迫性进食、工作、饮酒或寻求刺激的问题？

从不　　很少　　偶尔　　时常　　经常

（21）你是否尝试过心理咨询或治疗，但仍然觉得有些不对劲或有所欠缺？

从不　　很少　　偶尔　　时常　　经常

（22）你是否经常感到麻木、空虚或悲伤？

从不　　很少　　偶尔　　时常　　经常

（23）你是否很难信任他人？

从不　　很少　　偶尔　　时常　　经常

（24）你是否有过度的责任感？

从不　　很少　　偶尔　　时常　　经常

（25）你是否觉得在个人生活和工作中都缺乏满足感？

从不　　很少　　偶尔　　时常　　经常

（26）你是否有内疚、不自信或低自尊的感觉？

从不　　很少　　偶尔　　时常　　经常

（27）你是否有慢性疲劳、疼痛的倾向？

从不　　很少　　偶尔　　时常　　经常

（28）你是否觉得很难在看望父母的时候坚持几分钟或几小时？

从不　　很少　　偶尔　　时常　　经常

（29）当别人问起你的感受时，你是否不确定该如何回答？

从不　　很少　　偶尔　　时常　　经常

（30）你有没有怀疑自己小时候可能遭受过不良对待、虐待或被忽视？

从不　　很少　　偶尔　　时常　　经常

（31）你是否难以向他人提出自己的要求？

从不　　很少　　偶尔　　时常　　经常

如果你对这些问题的回答中有"偶尔""时常"或"经常"，那么本书可能会对你有所帮助。（如果你的回答大多是"从不"，那么可能是你没有觉察到自己的某些感受。）

　　在本书中，我讲述了一些发现真实自我的基本原则，并提出问题的解决之道在于解放我们的真实自我或真我，也就是内在小孩。接下来我会讲述如何恢复我们的真实自我，减少我们的困惑、痛苦与苦难。

　　完成这些任务需要时间、努力和自律。正是因为如此，你可能应该在未来的几个月或几年里，每隔一段时间就把这些章节通读一遍。

2

Healing The
Child Within

第 2 章

内在小孩概念
的由来

内在小孩的概念由来已久，最早甚至可以追溯到公元 1 世纪以前。近来几个领域产生了重要的进展，对这个概念在现代的发展起了重要的推动作用。

儿童虐待与忽视

这个领域的一项进展源于美国的两项社会运动。第一项社会运动，正视了儿童虐待的社会现象，并致力于受虐儿童的身心康复。另一项运动则在前者的基础上发展而来，一些心理治疗领域的临床治疗师与作者参与其中、相互合作。儿童虐待与忽视的概念，在过去 70 年里有了一些发展变化，恰好与如火如荼的第二次内在小孩运动在时间上重合。

另一项重要进展包括十二步骤自助康复运动，以及与之紧密相连的"酒精与家庭"治疗运动。不熟悉儿童虐待、心理治疗与酒精成瘾康复的人，可能会对这种联系感到惊讶。然而，这三者之间有着明确的联系，每个领域都对其他领域的发展做出了重要的贡献。

酒精成瘾康复

1935 年，随着匿名戒酒互助会（Alcoholics Anonymous，A. A.）的成立，酒精成瘾康复运动开始，并且在后来取得了成功。多数匿名戒酒互助会的创始人，都患有酒精成瘾的相关疾病，除此以外，他们要么是酗酒者成年子女，要么在童年时遭受过不良对待，还有些人两者兼有。其中有很多人尝试过各种形式的心理治疗，但都没有成功。不幸的是，即便是在今天，在酒精成瘾治疗领域之外，对于酗酒者及其家庭成员在康复早期阶段的个体心理治疗依然没有实质性的改善。

同心理治疗领域的情况一样，儿童虐待与忽视领域的工作者刚刚发现，在酒精成瘾、其他化学药品依赖与依赖共生领域内有着大量宝贵的临床技术与有效方法。反过来，酒精成瘾和化学药品依赖领域也从儿童虐待与忽视的心理治疗中汲取了越来越多的经验。

在成立之初的 20 年里，匿名戒酒互助会迅速发展，并且成了治疗酒精成瘾的可靠去处（Kurtz，1979）。它的十二步骤康复计划能为饱受误解与不良对待的酗酒者提供重要的启示。20 世纪 50 年代中期，普通家庭治疗运动与酗酒者家庭互助会（Al-Anon，为酗酒者的亲友所设立的互助会）应运而生。然而，酗酒者家庭的孩子却很少受到关注，他们的内在小孩更是无人问津。

直到 20 世纪 60 年代末期，也基本上没有任何文章或书籍讨论过有关酗酒者家庭的孩子的问题。第一本与之相关的书是玛格丽特·科克（Margaret Cork）所著的《被遗忘的孩子》（*The Forgotten Children*），出版于 1969 年。此后，相关的文献与对此问题的关注开始逐渐增多。

家庭与孩子

在 20 世纪 70 年代末至 80 年代初，出现了许多颇为实际的工作方法，有助于我们理解并帮助那些酗酒者、其他化学药品依赖者的家人。这个领域发展得很快，以至于今天有些临床工作者与教育工作者都专攻这个领域。1983 年，美国酗酒者子女协会（National Association for Children of Alcoholics，NACoA）成立，该协会鼓励相关的宣传与信息传播。1977 年，第一批酗酒者成年子女

互助团体成立。时至今日，酗酒者成年子女协会（Adult
Children of Alcoholics，ACA，或称 ACoA）这样的团
体依然很活跃，并且已经出版了他们的第一版"大书"
（"Big Book"，ACA，2006）。

　　过去的几十年里，在酒精成瘾、家庭与心理治疗领
域，内在小孩的概念开始被重现并逐渐走向成熟。

心理治疗

　　心理治疗涉及内在小孩的概念，始于对人类无意识
的发现，并随着弗洛伊德（Freud）的创伤理论而逐渐
发展。不过，弗洛伊德很快抛弃了他的创伤理论，转而
提出了在治疗童年创伤方面临床效果较差的理论——驱
力（本能）理论和俄狄浦斯情结（Freud，1964；Miller，
1983；1984）。然而，弗洛伊德的许多聪明、有创造力
的学生与同事，如荣格、阿德勒（Adler）、兰克（Rank）
与阿萨吉欧利（Assagioli）等人都不同意他的后两种理
论，这些人也都对心理治疗领域做出了宝贵的贡献。既
便如此，"内在小孩"（真实自我或真我）的概念依然发
展缓慢。在埃里克森（Erikson）、克莱因（Klein）、霍妮
（Horney）、沙利文（Sullivan）、费尔贝恩（Fairbairn）、哈

特曼（Hartman）、雅各布森（Jacobson）等人的理论基础之上，伦敦儿科医生唐纳德·温尼科特公布了他对于母亲、婴儿与儿童的观察结果。这些结果包括了有关"真实自我"或"真我"（也就是内在小孩）的详细内容，而真我对我们的生活至关重要，也是让我们感到自己真正活着的关键。

精神分析师爱丽丝·米勒研读了精神分析治疗的文献，尤其是弗洛伊德与温尼科特的文献，观察了自己的患者，并且阅读了儿童虐待方面的著作，于 1979 年开始将儿童受到的不良对待、虐待与忽视同精神分析治疗结合起来。不过，在她的三本书里，她只有两次提到这种重要关联：父母酗酒是导致内在小孩受伤的一个主要因素。我并不是在责怪她，因为我相信她与我，以及大多数专业人士一样，所受的教育都是不完整的——基本上都没有受过以治疗酒精成瘾与童年创伤为主的训练（Whitfield，1980）。事实上，我们早年所受的训练，对这两种常见的临床问题都有着负面的影响。

缓解病痛

团体心理治疗与引导性想象，可以用于癌症患者的

辅助治疗，这些方法对于治愈内在小孩也贡献了一份力
量。马修斯（Mathews）与西蒙顿（Simonton）的研究
团队（1983）发现，许多癌症患者都忽视了自己的需
求，也不愿表达自己的感受，该研究团队提出了弥补这
种缺失的方法。医学领域的其他学者也开始运用类似的
方法来辅助治疗心脏病及其他危及生命的疾病（Dossey，
1984；Felitti，et al.，1998）。我相信，治愈内在小孩的
原则与技术，可以在缓解病痛方面发挥重要的作用。

康复辅助方法

最后，灵性将上述所有与内在小孩有关的领域都联
系在了一起。酒精成瘾与酗酒者家庭治疗领域都在使用
这种有效的康复辅助方法。一些心理治疗师与医生开始
认识到了灵性的价值（Wilber 1979，1983；Whitfield，
1985；Wegscheider-Cruse，1985；Vaughan，1985；
Gravitz，Bowden，1987）。在谈到灵性时，本书（尤其
是第 15 章）指的不是宗教。我相信，要想从任何身心疾
病中康复，灵性都是至关重要的，要发现并最终解放内
在小孩，释放真实、真正的自我，灵性的成长更是必不
可少。

❑　　❑　　❑

我们的"内在小孩"到底是什么？我们如何才能知道自己看到他、感觉到他或是认出他了呢？前面提到的问题的缓解，以及身体、精神－情感、灵性疾患的康复，与内在小孩又有什么关联？

3

Healing The
Child Within

第 3 章

何谓内在小孩

　　无论感觉有多疏远、多模糊、多陌生，我们人人都有一个"内在小孩"，那是我们心中的一部分，这部分本质上是生机勃勃的、充满活力的、有创造力的、充实的。那是我们的真实自我——我们本来的模样。霍妮、马斯特森（Masterson）等人将其称为"真实自我"（real self）。有些心理治疗师，包括温尼科特与米勒，将其成为"真我"（true self）。在酒精成瘾与家庭治疗领域内外，有些医生与教育工作者，也称之为"内部小孩"（inner child）。

　　在父母、其他权威人士与机构（如教育机构、媒体，甚至有的心理治疗机构）的"帮助"下，大多数人都学会了压抑与否定自己的内在小孩。一旦我们内心的这一重要部分得不到抚育与自由的表达，就会出现一个虚假的、依赖共生的自我。我会在表 3-1 中进一步描述这两个部分的自我。

内在小孩或真实自我

在本书中，我会交替使用如下术语：真实自我、真我、内在小孩、内部小孩以及高级自我（Higher Self）。这一部分也被称为我们"最深刻的自我"（Deepest Self）、我们的"内核"（Inner Core；James，Savary，1977）。这些术语指的都是我们内心中的那个核心部分。对这个部分，有一种描述讲得很好：我们感觉最真实、最真诚、最有活力时的自我。表 3-1 描述了真实自我与相对应的虚假自我各自的一些特征。

表 3-1　真实自我与虚假自我的一些特征

真实自我	虚假自我
真实的自我	不真实的自我、面具
真我	依赖共生的自我、人格面具
真诚的	不真诚、"伪装"人格
自然的	处心积虑、疲惫不堪
豁达、充满爱	受限的、害怕的
乐于奉献、沟通	抑制、吝啬
接纳自我与他人	嫉妒、好批判、理想主义、完美主义
充满激情	以他人为导向、过度顺从
无条件地爱	有条件地爱
能感受情绪，包括合理的、自然的、即时的愤怒	否认或隐藏情绪，包括长久以来的愤怒（怨恨）
自信	咄咄逼人、消极被动
相信直觉	依赖理性、逻辑

（续）

真实自我	虚假自我
内在小孩、内部小孩 拥有童真的能力	过度强大的父母/成人心理脚本， 又或者很幼稚
需要玩乐	回避玩乐
有脆弱的一面	假装自己始终坚强
真正的强大	力量有限
愿意相信他人	不信任他人
享受得到抚育的感觉	回避抚育
顺其自然	控制、退缩
适度的自我放纵	自以为是
对无意识持开放态度	排斥无意识的内容
记得我们的同一性	忘记我们的同一性，感到孤立
自由地成长	倾向于按照无意识的模式行事， 这种模式往往会带来痛苦
隐私自我	公共自我

　　真实自我是自然的、豁达的，充满爱，乐于奉献，善于沟通。真我能够接纳自己与他人。无论是快乐还是痛苦，他都会用心去感受，也会将其表达出来。真实自我会接纳我们的感受，不加以批判，也不感到恐惧，他允许这些感受存在，并将其看作评价与欣赏生活的有效方式。

　　内在小孩善于表达、充满自信、富有创造力。他可以像孩子一样纯真，而这是一种最高级、最成熟、最具适应性的孩子气。他需要玩耍，需要乐趣。然而，他有时也是脆弱的，这也许是因为他很开放，乐于信任他人。

他会顺应自己、顺应他人，也会顺应世界的自然之道。但就真正意义上的力量而言（第 11、15 章会讨论这个话题），他又是强大的。他会适度地放纵自己，乐于接受他人的付出与抚育。对于我们所说的无意识——那个广阔而神秘的领域，他也愿意敞开心胸。他关注我们每天从无意识中接受的信息，如梦境、挣扎与疾病。

由于他总是保持真实，所以能够自由地成长。当虚假自我忘记我们与他人、与世界的同一性时，真实自我始终会记得我们与他人、与世界紧密相连。然而，对于我们大多数人来说，真实自我也是隐私自我（private self）。我们有时会选择不与人分享内心的感受，谁又能知道其中的原因呢？也许是害怕受伤或遭到拒绝。有人估算过，我们平均每天只花 15 分钟向他人展示真我。无论是出于何种原因，我们都倾向于将真实自我保密。

当我们的言行和感受"出自"真我，或者我们就是真我时，我们会感到自己充满活力。我们可能会因受伤、悲伤、内疚或愤怒而感到痛苦，但我们依然感到自己充满活力。或者，我们会因满足、幸福、备受激励或欢欣鼓舞而感到快乐。总而言之，我们倾向于活在当下，感到自己是完整的、圆满的、正常的、真实的、纯粹的、理智的。

从出生到死亡，在我们生命的各个阶段与过渡期，我们的内在小孩都是自然的、流动的。要想做真我，我们不必付出任何努力。他就是原本的样子。如果我们顺其自然，他就会自然而然地表现出来，无须特地付出什么努力。其实，任何努力都是在否认对真实自我的觉察与表达。

虚假自我

与真实自我相反，另一部分的自我通常会让我们感到不舒服、紧张、不真实。我会交替使用以下术语：虚假自我（false self）、依赖共生的自我（co-dependent self）、不真实的自我（unauthentic self）或公共自我（public self）。

虚假自我是一种掩饰。他是抑制的、受限的、害怕的。他是以自我为中心的，是早期精神分析理论所说的自我（ego）与超我（super-ego），永远处心积虑，自私而吝啬。他心怀嫉妒，爱挑剔、理想主义、喜欢责备他人、苛求完美。

虚假自我与真我疏离，始终以他人为导向，关注别人想要他成为的样子，并且过度顺从。他付出的爱是有条件的。他会掩饰、隐藏或否认自己的情绪。他还会编造虚假的感受，比如在听到"你好吗"的时候，我们总是敷衍地答道"我还好"。这种迅速的反应往往是必要而有用的,能帮助我们免于意识到虚假自我的存在,这种意识会让我们感到害怕。虚假自我可能不知道自己有何感受,也可能知道自己的感受,但会将感受贬低为"错误的"或"糟糕的"。

虚假自我缺乏适当的自信与果断(就像真实自我那样),他往往会显得咄咄逼人或消极被动。

用沟通分析中的脚本术语来讲,虚假自我倾向于做"批评的父母"。他不愿玩耍与享乐,假装"坚强",甚至装出一副"强大"的样子。然而,他的力量微乎其微,甚至根本不存在。实际上,他往往害怕、多疑,而且具有破坏性。

由于虚假自我需要退缩与控制,他便放弃了抚育他人或得到他人抚育的机会。他不会顺其自然。他总是自以为是,试图排斥来自无意识的信息。即便如此,他依然倾向于不断地按照无意识的模式行事,而这种模式往往会带来痛苦。因为他常常忘记我们的同一性,所以会感到很孤立。他还是我们的公共自我,即我们所认为的别人对我们的期望,甚至还会发展成我们对自己的期望。

大多数时候,当我们扮演虚假自我的角色时,会感到不舒服、麻木、空虚,或者处于一种做作而拘束的状态。我们感觉自己不真实、不完整、不纯粹,甚至失去了理智。在某些层面上，我们感觉有些东西不对劲，有些东西是缺失的。

矛盾的是，我们往往觉得虚假自我是我们的自然状态，我们就"应该"如此。这可能是因为，我们对那种状态成瘾或产生执念了。我们过于习惯虚假自我，以至于做真实自我都会感到内疚，就好像出了问题一样，好像我们不该感到真实而有活力一样。改变对这个问题的想法，都会让人感到恐惧。

这种虚假的、依赖共生的自我似乎在人群中普遍存在。在媒体和日常生活中，这个概念已经被阐述或提及过无数次了。它有着各种各样的名称，如求生工具、心理病理现象、以自我为中心的自我，以及受损的或防御性自我（Masterson，1985）。它会对自己、他人和亲密关系造成损害。然而，这种概念是一把双刃剑。它有一些用途，但用途有多大？在什么情况下有用？下面这首由查尔斯·C.芬恩（Charles C. Finn）所作的诗描述了我们与虚假自我所做的许多斗争。

听听我没说出口的话

不要被我欺骗，

不要被我的面孔欺骗。

因为我戴着面具，一千张面具，

我害怕摘下面具，

它们没有一张是我真正的面孔。

伪装是我的第二天性，

但请不要上当。

千万不要上当。

我会给你一些假象——

我很有安全感，

我的表面充满了阳光明媚、宁静安详，

自信就是我的名字，沉稳就是我的招牌，

我波澜不惊，我胸有成竹，

我不需要任何人。

但请不要相信我。

我看似从容，但那只是伪装的假象，

总在变化，总在隐藏。

表面之下，没有满足。

表面之下，藏着困惑、恐惧与孤独。

但我恨这感觉。我不想让任何人知道。

一想到自己的弱点，我就惊慌失措，害怕原形毕露。

正是为此，我才不顾一切地戴上面具，

装出冷漠世故的外表，

来伪装，

来保护我不受那会心的眼神的伤害。

然而，如果接踵而来的是接纳，是爱，

那个眼神就正是我的救赎，我唯一的希望。

我心知肚明。

我筑起高墙，我作茧自缚，

而那正是唯一能将我从自己的禁锢中解救出来的东西。

唯有那个眼神，能让我相信我不肯相信的事实：

我有价值。

但我不会告诉你这一点。我不敢。我害怕。

我害怕你的眼神之后没有接纳，也没有爱。

我害怕你会看不起我，嘲笑我，

而你的嘲笑会置我于死地。

我害怕我其实一文不值，毫无长处，

我害怕你会看到这一点，然后排斥我。

所以我玩起了我的游戏，我绝望的伪装游戏，

做出自信的样子，

内心颤抖得像个孩子。

于是，金玉其外的面具开始列队游行，

而我的生活只剩下了表象。

我温文尔雅地与你闲谈。

我告诉你的一切都毫无意义，

意义重大的话我却闭口不谈，

绝不提及内心的哭泣。

所以，若我做出惯常的样子，

不要被我说的话所欺骗。

请仔细倾听，试着听听我没说出口的话，

听听我希望能说的话，

听听我为了求生所需要说，却不能说的话。

我不喜欢躲藏。

我不喜欢玩肤浅虚伪的游戏。

我想停止这种游戏。

我想做真实、率真的自己，

但我离不开你的帮助。

请伸出你的手，

即使那似乎是我最不想要的。

只有你能抹去我眼中那空洞的目光。

只有你能将我唤醒。

每当你亲切、温柔、鼓励地待我，

每当你出于关切而努力理解我，

我的心就会开始长出翅膀，

瘦小的翅膀，

羸弱的翅膀，

但依然是飞翔的翅膀！

你的触碰能给我带来感受，

你有力量为我带来生机。

我想让你知道这一点。

我想让你知道你对我有多重要，

你可以成为造物主，真正的造物主，

能够创造我这个人——

如果你愿意。

只有你能推倒我躲藏的高墙，

只有你能揭开我的面具，

只有你能解救我，

把我从那恐慌和不确定的阴影中，从那孤独的监狱中

释放出来——

如果你愿意。

请你一定要愿意。不要离我而去。

这对你来说并不容易。

长期坚信自己毫无价值，就能筑起坚固的高墙。

你越靠近我，我越可能盲目地反击。

我反抗的正是我所渴求的东西。

但有人告诉我，爱比高墙更坚固，

于是我寄希望于此。

请试着用你有力的双手

推倒这堵高墙，

但请用你温柔的双手

爱抚敏感至极的小孩。

你也许会想，

我到底是谁？

我是你熟悉的人。

因为我是你遇见的每一个男人，

也是你遇见的每一个女人。

4

Healing The
Child Within

第 4 章

扼杀内在小孩

我们的父母、其他权威人士，以及组织机构（如教
育机构、媒体，甚至助人的专业机构）是如何扼杀内在
小孩的？我们如何确定自己是否受到了影响？是什么
因素或条件导致我们的父母和他人扼杀了我们的真实
自我？

人类的需求

在理想的情况下，人类的一些需求必须得到满足，
这样我们的内在小孩才能发展和成长。我借鉴马斯洛
（Maslow，1962）、韦尔（Weil，1973）、米勒（Miller，
1983，1984）与格拉瑟（Glasser，1985）等作者的著作，
编制了一个包含 20 个因素或条件的层级列表。我将这些
因素或条件称为"人类需求"（见表 4-1）。几乎所有这些
需求都与我们和自己、和身边的人的关系有关。

表 4-1　人类需求层次

1. 生存
2. 安全与保障
3. 触摸、皮肤接触
4. 关注
5. 镜映（mirroring）与呼应（echoing）
6. 指导
7. 倾听
8. 做真实的自己
9. 参与
10. 接纳
　　他人对真实自我的觉察、重视与欣赏
　　做真实自我的自由
　　容忍自己的感受
　　认可
　　尊重
　　归属与爱
11. 为丧失而哀伤，以及成长的机会
12. 支持
13. 忠诚与信任
14. 成就
　　掌握、"力量""控制"
　　创造力
　　完满感
　　做贡献
15. 改变意识状态、超越平凡
16. 性
17. 享受或玩乐
18. 自由
19. 抚育
20. 无条件的爱

资料来源：部分汇编自 Maslow，1962；Miller，1981；Weil，1973；
Glasser，1985.

为了充分发挥自身潜能，我们显然需要满足这些需求中的大多数。在无法满足这些需求的环境中成长，我们长大后就会自然地缺乏这种意识：在过去，我们的需求一直未被满足，现在也没有得到满足。我们常常觉得困惑，长期感到不幸福。

生存、安全与保障

新生儿需要大量的关注：仅仅为了生存下来，就必须有人陪在身边，并能够充分满足他的需求。

最起码的需求包括安全与保障。

触摸

从斯皮茨（Spitz）、蒙塔古（Montague）、皮斯（Peace）及其他人的研究中，我们得知作为人类需求的触摸的重要性。缺乏触摸的婴儿即使得到足够的食物、营养和保护，也无法茁壮成长。适当的、皮肤与皮肤的接触是最有力量的触摸。给家兔喂食诱发动脉粥样硬化饲料的实验表明，那些被实验室工作人员拥抱和抚摸的兔子往往不会患上动脉粥样硬化（动脉变硬）。那些没有被拥抱、被抚摸的兔子容易患上动脉粥样硬化（Dossey，1985）。

似乎要想感受到彼此的联结和关心，我们就需要拥抱和触摸。维吉尼亚·萨提亚（Virginia Satir）提出，为了保持健康，我们每天需要 4 ～ 12 个拥抱。

关注

孩子或成人都必须得到照料——得到关注。母亲或其他承担父母责任的人必须关注婴儿和儿童，才能确保他们的安全、有保障和触摸的需求得到满足。

镜映与呼应

这种需求始于认可婴儿、孩子甚至成人是有感受、会思考的存在。镜映与呼应是指母亲通过面部表情、姿态、声音或其他动作做出反应，让婴儿意识到自己被理解了。

关于这个问题，我们知道，如果母亲或其他承担父母责任的人不能满足这些最初的需求，孩子的身体、精神－情感和灵性成长就会受阻。导致这种结果可能是因为母亲自身情感严重匮乏、极度渴求关注，以至于她利用自己的婴儿来满足她未被满足的需求。这就是婴儿的神奇之处。他能感觉到母亲的渴望，最终发现她的需求，并开始为她提供她所需要的东西。当然，这需要付出很大的代价——否认、扼杀和妨害婴儿的真我或内在小孩。随着孩子长大成人，这种代价会变得愈发沉重，导致身体、精神－情感和灵性层面的痛苦与折磨。

指导

指导也是帮助婴儿和儿童发展和成长的一个因素。指导可能包括建议、协助以及任何其他形式的帮助，既包括言语的帮助，也包括非言语的帮助。指导还包括示范与教授恰当、健康的社会性技能。

倾听、参与接纳

知道有人能听到我们说话（即使他们并不总能理解）是很有帮助的。不同形式和种类的倾听，给人带来的滋养多少是不同的。与前文需求层次里的第 9～20 项需求有关的倾听，其滋养能力在逐渐上升。那些需求中包括让儿童参与适当的活动，接纳婴儿、孩子乃至成年人的自我（内在小孩）；母亲、其他承担父母责任的人或关心孩子的他人能够觉察、重视并欣赏孩子的真实自我；他们通过尊重、认可并允许孩子的真实自我拥有感受，来表达他们的接纳。这样一来，内在小孩才能自由地成为其真实的自我，并开始成长。

此时，读者可能会发现，他们的一些需求在过去未得到满足（也许现在也是如此）。不过，我们对人类需求层次的讲述才到了一半。

为丧失而哀伤，以及成长的机会

我们每经历一次丧失（无论是真实的丧失，还是有丧失的危险），都需要为之哀伤——修通与此相关的痛苦和苦难。这需要时间。如果能完成为丧失而哀伤的过程，我们就成长了。这个哀伤与成长的过程就是本书的主要内容。

支持

支持意味着朋友或照料者不会阻碍真实自我的追寻、信息接收以及创造，并且会尽一切努力来确保真实自我能够发挥他的潜力。支持包括主动地尽一切努力，确保真实自我能够实现他的潜能。

忠诚与信任

要做到支持，给予者和接受者就要忠诚于彼此，信任彼此。一个人长期背叛另一个人的真我，就必然会给他们的关系造成严重的损害。为了成长，内在小孩应该感到被信任，并且能够信任他人。

成就

从基础的层面来看，取得成绩或成就有着赋能的意味，也就是拥有"力量""控制"或者掌握的潜能——相信自己可以完成任务。从更高的层面来看，成就不仅意味着完成任务，还意味着意识到任务已经完成。也许最高层次的成就感是感觉自己做出了贡献，这让任务有了意义。

有些人成长于有问题或不正常的家庭。他们很难完成任务、项目，或做出决定。这是因为他们没有在重要他人的指导和支持下有过这样的经验。相比之下，有些成长于问题家庭的人可能会在某些领域取得很高的成就，如学习或工作领域，但在其他领域却屡战屡败，如亲密关系领域。

意识状态的改变、享受与玩乐

将人的意识状态改变归为人类的需求是有些争议的。这是因为人们普遍认为改变意识状态意味着使用酒精或其他改变心境的药物（Weil，1973）。事实上，我们天生能够周期性地改变自己的意识状态（甚至这也是一种生物学需求），无论是通过白日梦、大笑、运动、专注于任务还是通过睡眠。与此密切相关的是另一种需求，也是一种心境的改变：享受与玩乐。许多来自问题家庭的孩子都很难放松和玩耍。率真与玩耍的能力是一种需求，也是我们内在小孩的特点。

性

说到人类需求时，性通常不会被提及。我说的性不仅仅是性交，而且是一系列潜能，包括为自己身为男性或女性而感觉良好，享受性的各个方面，发现女性心灵中的男性（阿尼姆斯，animus）或男性心灵中的女性（阿尼玛，anima）。

我们当中有很多人在有问题的家庭中长大，可能在性的认同、功能或享受方面存在困难。我们当中的有些人可能遭受过明显或隐蔽的性虐待。

自由

能够自由地冒险、探索和做那些自发的、必要的事情，是一种人类需求。伴随这种自由而来的是责任。例如，自发的行为往往是健康的，而冲动可能于我们无益。

抚育

排在第二位的人类需求是抚育。在任何情况下，满足某个人上述的任何需求都是合适的。然而，提供抚育的人必须具有抚育的能力，并且有抚育需求的人必须能够放下戒备、顺其自然，才能得到抚育。通过对患者、他们的家人和其他人的观察，我发现这种互惠关系在人际互动中是不常见的。

　　抚育父母不是孩子的责任，如果这种情况反复发生，那就是不易察觉的儿童虐待或忽视。

无条件的爱

　　排在第一位，也是最后一种需求，是无条件的爱。对许多人来说，这是一个难以理解的概念。我会在第 15 章进一步讨论这种需求。

不满足的父母

　　很少有人能找到一位母亲、其他承担父母责任的人或亲密朋友有能力满足或帮助我们满足所有的需求——更别提那些能切实满足这些需求的人了。通常没有这样的人。（事实上，怀孕有时主要是为了母亲的需求。）因此，在康复过程中，我们会为自己在婴儿期、童年甚至成年后的需求没能得到全部满足而哀伤。为相反的事情（得到我们不想要或不需要的东西，如童年的不良对待或虐待）哀伤也会有所帮助。我将在第 11、12 章进一步讨论这种哀伤过程。

　　许多母亲、父亲或其他承担父母责任的人，在精神和情绪上的匮乏十分严重。可能造成这种结果的原因是，他们在婴儿期、童年和（或）成年期的需求没有得到满足。他们的需求十分迫切，因此他们往往会用不健康、不恰当的方式利用他人，来满足这些需求。任何与他们直接接触的人，或者接近他们的人，包括婴儿和儿童，都会受到无意识的利用（Miller，1983）。为了生存下来，有些孩子不能发展出强大的真我，他们会发展出夸大的虚假自我或依赖共生自我，以此作为补偿。

◻   ◻   ◻

母亲会利用脆弱无助的新生儿来满足自己的需求，初听起来这似乎有些不可思议。然而，这种情况在许多有问题或不正常的家庭里会反复出现。在下一章，我会阐述孩子的父母或家庭中可能存在的，催生这种困惑、退行[○]与谬误的问题。

○ 弗洛伊德提出的心理防御机制，指人在压力下放弃已习得的、较为成熟的适应和应对方式，以早期生活阶段采用的、幼稚的方式应对当前情境。——译者注

5

Healing The
Child Within

第 5 章

父母的问题会
扼杀内在小孩

　　母亲、其他承担父母责任的人以及（后来的）亲密朋友能够如何帮助我们满足我们的诸多需求？一般而言，要做到这一点，他们小时候的需求必须得到满足，并且（或者）在成年后完成治愈内在小孩的过程，学着满足自己的需求。

　　然而，某些问题可能会妨碍需求的满足。父母或家庭中的匮乏感越严重，其问题越严重、越深入，孩子的需求就越得不到满足。表 5-1 列出了这些父母的问题。"父母"这个词不仅指父亲母亲，还可能包括兄弟姐妹和其他任何人。在大孩子（当然还有成年人）的生活中，还可以指任何亲近的或有影响力的人。

表 5-1　与酗酒者成年子女及其他非正常家庭的心理动力有关的父母问题

酒精成瘾

其他化学物质依赖

依赖共生（神经症）

慢性精神疾病与致残的躯体疾病

极度刻板、依赖惩罚、喜欢评判、缺乏爱、完美主义、不自信

儿童虐待——身体、性、精神 – 情感

其他问题，例如与创伤后应激障碍有关的问题

酒精成瘾与其他化学物质依赖

酒精成瘾或其他化学物质依赖可以被定义为与饮酒或使用药物有关的、反复出现的问题、困境或困难。这种问题可能出现在一个或多个领域，包括关系、教育、法律、财务、健康、灵性与职业等方面。

我们知道，酗酒者的子女和其他家庭成员往往不知道他们的父母或家人对酒精成瘾或依赖其他化学物质。据布莱克（Black，1984）估计，在酗酒者成年子女中，近一半的人否认父母有酗酒问题。其中 90% 的人自己也对酒精成瘾或依赖化学物质，无法确定父母是否有酗酒问题。对家庭混乱的主要根源缺乏觉察，会导致家庭对问题持有普遍的、破坏性的、不必要的接纳态度，并促使家庭成员产生自责与内疚。

如果有读者想知道，或者担心父母一方或其他亲属在饮酒、药物使用方面是否有问题，回答下面的"家庭饮酒调查问卷"可能会有所帮助。（如果你不和这个家人住在一起，或者他已经去世了，请试着假设自己还与他住在一起，再回答这些问题。如果你担心的问题是药物使用，可以用"药物使用"来代替问题中的"饮酒"。）

家庭饮酒调查问卷

	是	否

1. 你家中是否有人因为饮酒过度而发生人格
   的改变？　　　　　　　　　　　　　　　____ ____

2. 你觉得对于这个人来说，饮酒比你更重
   要吗？　　　　　　　　　　　　　　　　____ ____

3. 你是否因为酒精对家庭造成的影响而为自
   己感到难过，并且经常沉溺在自怜情绪里？____ ____

4. 某个家人的过度饮酒是否曾经破坏了某些特
   殊场合？　　　　　　　　　　　　　　　____ ____

5. 你是否发现自己在为他人饮酒导致的后果做
   掩饰？　　　　　　　　　　　　　　　　____ ____

6. 你是否曾因家人饮酒而感到内疚、抱歉或负
   有责任？　　　　　　　　　　　　　　　____ ____

7. 家人的饮酒是否会引起争吵？　　　　　____ ____

8. 你有没有尝试通过喝酒来反抗酗酒者？　____ ____

9. 某些家人的饮酒习惯是否让你感到沮丧或
   愤怒？　　　　　　　　　　　　　　　　____ ____

10. 你的家庭是否因为饮酒而产生经济困难？____ ____

11. 你是否曾因为家人饮酒而感到家庭生活不
    幸福？　　　　　　　　　　　　　　　　____ ____

12. 你是否曾试图通过藏车钥匙、把酒倒进下
    水道等方式来控制饮酒者的行为？　　　____ ____

13. 你是否因为这个人的饮酒行为而忽视了自
　　己的责任?　　　　　　　　　　　　　＿＿＿　＿＿＿

14. 你是否经常担心家人的饮酒问题?　　　　＿＿＿　＿＿＿

15. 家人的饮酒行为是否让节假日变得更像是
　　噩梦,而不是庆祝的日子?　　　　　　　＿＿＿　＿＿＿

16. 这个家人的大多数朋友是否都有严重的饮
　　酒问题?　　　　　　　　　　　　　　　＿＿＿　＿＿＿

17. 你是否觉得有必要向雇主、亲戚或朋友撒
　　谎,以便隐瞒这个家人的饮酒行为?　　　＿＿＿　＿＿＿

18. 你对家人的反应是否会因为他们饮酒而发
　　生改变?　　　　　　　　　　　　　　　＿＿＿　＿＿＿

19. 你是否曾因为饮酒者的行为感到尴尬,或
　　者觉得需要道歉?　　　　　　　　　　　＿＿＿　＿＿＿

20. 某些家人的饮酒行为是否会让你担心自己
　　或其他家人的安全?　　　　　　　　　　＿＿＿　＿＿＿

21. 你是否怀疑某个家人有饮酒问题?　　　　＿＿＿　＿＿＿

22. 你是否曾因为家人饮酒而失眠?　　　　　＿＿＿　＿＿＿

23. 你是否曾鼓励家人停止或减少饮酒?　　　＿＿＿　＿＿＿

24. 你是否曾因为家人的饮酒而威胁要离开家
　　或离开这个家人?　　　　　　　　　　　＿＿＿　＿＿＿

25. 家人是否因为饮酒而没能信守承诺?　　　＿＿＿　＿＿＿

26. 你是否希望能与某个理解这一切，并能协助解决家人酗酒问题的人谈谈？ ＿＿ ＿＿

27. 你有没有因为担心家人的饮酒而感到不舒服、难过或焦虑？ ＿＿ ＿＿

28. 家人是否曾经忘记在饮酒期间发生过什么？ ＿＿ ＿＿

29. 家人是否会不去那些不提供酒精饮料的社交场合？ ＿＿ ＿＿

30. 家人是否在喝酒后会懊悔，并为自己的行为道歉？ ＿＿ ＿＿

31. 鉴于你了解的严重酗酒者，请写下你见过的任何酗酒症状或神经问题。 ＿＿ ＿＿

　　如果你对于上述任意两个问题的回答是肯定的，那么你的家人很可能有饮酒问题。

　　如果你对于上述四个及以上问题的回答是肯定的，就表明你的家人的确有饮酒问题。

　　这些调查问题修改或改编自"酗酒者子女筛查测试"（Children of Alcoholics Screening Test，Jones Pilat，1983）、"霍华德家庭问卷"（Howard Family Questionnaire）和酗酒者家庭互助会的"家庭酗酒测试"（Family Alcohol Quiz）。这些问卷在其他著作中被引用过（Whitfield et al.，1986）。

依赖共生：我们这个时代的神经症

依赖共生（co-dependence 或 co-dependency）问题源自 20 世纪 70 年代的术语"酗酒纵容"（co-alcoholism）。自 20 世纪 80 年代以来，依赖共生的外延拓展了许多。我在表 5-2 中列出了五个定义。

表 5-2　依赖共生的一些定义

（1）……一种由习得性行为、信念与感受组成的夸张依赖模式，能让生活变得痛苦。这是一种对自我以外的人和事物的依赖，伴随着对自我的忽视，甚至到了几乎没有自我身份认同的地步。

（S. Smalley，引自 Wegscheider-Cruse，1985）

（2）……（在情感、社会性方面，有时是身体方面）对某人或某物的过分关注或极度依赖。最后，这种对另一个人的依赖会变成病理现象，影响依赖共生者的所有其他关系。可能包括……所有这样的人：①与酗酒者恋爱或结婚的人；②父母或祖父母中有一人或多人是酗酒者；③成长于情感压抑的家庭……这是一种原发性疾病，几乎酗酒家庭中的每个成员都有这种疾病。

（Wegscheider-Cruse，1985）

（3）……与酗酒者（有其他化学物质依赖或其他慢性缺陷的人）一起生活、工作或相处而导致的健康受损、适应不良或有问题的行为。这种行为不仅影响个人，还会影响家庭、社区、企业、其他机构，甚至整个社会。

（Whitfield，1984，1986）

（4）……由于个人长期接触或遵循压迫性的规则而形成的一种情绪、心理、行为上的应对模式。这些规则禁止公开表达感受，禁止直接讨论个人与人际问题。

（Subby，1984）

（5）……一种表现形式多样的疾病，由另一种疾病过程发展而来……我称之为成瘾性过程……成瘾性过程是一种不健康的、异常的疾病过程，其假设、信念、行为以及灵性觉察的缺乏会导致一种逐步发展的、"毫无生机"的过程……

（Schaef，1986）

依赖共生是一种丧失自我的疾病。这种疾病会通过一种恶性循环扼杀我们的真我、内在小孩。表 5-1 中的所有问题都会导致依赖共生，依赖共生也会助长所有那些问题。

我们可以将依赖共生定义为"任何与关注他人需求与行为有关的，或者由此导致的痛苦和（或）障碍"。依赖共生者过度关注、执着于他们生活中的重要他人，而忽视了自己的真我。正如沙夫（Schaef，1986）在她的著作《依赖共生》（Co-Dependence）中所说，依赖共生会导致一种逐步发展的、"毫无生机"的过程。

依赖共生在社会大众中广泛存在，能够模仿、关联和加重许多情况。这种问题的根源在于我们把对生活与幸福的责任转交给了虚假自我和其他人。

依赖共生的发展

依赖共生始于对我们的观察、感受和反应的压抑，始于其他人（通常是父母）对我们的这些最为重要的内部线索的否定——最后连我们自己也会这样做。

在这个过程的早期，我们通常会开始否认家庭的某个秘密或其他秘密。因为过于关注别人的需求，我们开始忽视自身需求。这样一来，我们就扼杀了自己的内在小孩。

　　然而我们依然有感受，而且常有受伤的感受。由于不断压抑自己的感受，我们变得越来越能容忍情绪痛苦。我们常会陷入麻木。由于压抑了自己的感受，我们无法充分感受日常的丧失所带来的哀伤。

　　所有上述因素都阻碍了我们在精神 – 情感和灵性方面的成长与发展。然而，我们渴望接触和了解自己的真我。我们逐渐发现，诸如强迫行为这样的"应急手段"能让我们瞥见真我，释放一些紧张。然而，如果强迫行为会伤害自己或他人，我们就可能感到羞耻，导致低自尊。到了这个时候，我们可能会开始感到越来越难以控制自己，并试图通过增强控制的需求来补偿。我们最后可能会产生妄想，感到受伤，常常将自己的痛苦投射到他人身上。

　　此时，我们的紧张程度已经到了可能让我们患上与应激相关的疾病的程度。这些疾病可能会表现为疼痛，并常以一种或多种身体器官功能障碍的形式呈现出来。我们现在已处于严重依赖共生的状态，并可能逐渐恶化，导致我们会体验到一次或多次极端的情绪波动、亲密关系的问题，以及长期的不快乐。对于那些试图从酒精成瘾、其他化学物质依赖及其他问题或疾病中康复的人来说，这种严重的依赖共生状态可能会造成严重的阻碍。

　　因此，依赖共生的发展可以总结如下。

依赖共生的发展

1. 对内部线索的否定和压抑——比如我们的观察、感受与反应。

2. 忽视我们的需求。

3. 开始扼杀内在小孩。

4. 否认家庭的秘密或其他秘密。

5. 对情绪痛苦的耐受感与麻木感增加。

6. 无法为丧失充分感到哀伤。

7. （精神－情感、灵性）成长受阻。

8. 以减轻痛苦和窥见内在小孩为目的的强迫行为。

9. 不断增长的羞耻感与自尊的丧失。

10. 感到失控。需要增强控制。

11. 痛苦的妄想与投射。

12. 产生与应激相关的疾病。

13. 强迫行为恶化。

14. 以下方面逐渐恶化：

    极端的情绪波动；

    亲密关系问题；

    长期的不快乐；

    酒精成瘾、化学物质依赖及其他问题的康复受阻。

　　无论我们是与这种依赖共生者一起长大的婴儿、儿童，还是与他们生活在一起或与他们亲近的成年人，我们当下的觉察能力和应对技能都已经被削弱了，我们很可能会受到他们的消极影响。我会在本书前半部分阐述我们的真我被扼杀的过程。

依赖共生的隐蔽性

　　依赖共生是这世界上导致困惑与痛苦的最常见的原因之一。它的表现形式可能非常微妙，因此很难发现。下面是卡伦的案例，她是一个 45 岁的女人，她的父母都是依赖共生者。与这样的父母一起长大，她也成了依赖共生者。

　　　当我听说酗酒者成年子女的特征时，我在他们身上看到了许多自己的影子。我在自己的家庭中找了又找，却怎么都找不到酗酒的人。我发现，我必须挖掘得再深入一些，因为我的父母都有很多依赖共生的特点。我父亲是个工作狂。他事业有成。然而他把所有的时间和精力给了家庭以外的其他人。他是我们镇的镇长，如果我要他关注我，我就会感到内疚。在我成长的过程中，他没有像父亲一样在我身边帮助我。我母亲是一个强迫性暴食症患者，不过我当时并不知道。她也不是我需要的母亲。他们把我培养成了一个自我牺牲、讨好别人的人。

我先后和两个酗酒的男人结过婚。渐渐地，我对他们的关注越来越多，以至于忽略了自己的需求，我感觉自己快要疯了。我不知道怎么对别人说"不"。我的生活变得十分糟糕，于是我试图用过去所知的唯一的方式来纠正：我更加努力地学习，回到了大学校园，承担了沉重的责任，强迫性地参与过多的活动。我对自身需求的忽视更严重了。我很抑郁，而且越来越抑郁，以至于服用了过量的安眠药。那是我的低谷。

在绝望之中，我给匿名戒酒互助会打了电话，他们让我去参加酗酒者家庭互助会，我照做了。我当时每天都去参加他们的活动，我很喜欢。现在，已经过去了六年，我依然每周参加一次活动。我还接受了两年半的团体治疗和几个月的个体治疗。我觉得这些都很有帮助。回首看来，我发现我参加的康复项目不仅在精神上、情感上很有帮助，在灵性方面也给了我很大的帮助。我发现，我和母亲之间的问题最严重。我一直需要依赖她，才能知道自己应该

如何感受、如何生活。我病得很严重，甚至不
能独立自主地感受和生活。我必须看着别人才
知道如何感受和生活。我当时很生母亲的气，
也很生父亲的气。因为他支持母亲的做法，因
为我需要他的时候他却不在我身边。我选的两
任丈夫都在无意之中纵容了我的这种模式。我
很高兴能恢复健康。

卡伦的故事体现了一些依赖共生的微妙表现形式。
自从 1986 年起，依赖共生者匿名互助会（Co-dependents
Anonymous，CoDA）的十二步骤团体已经帮助了无数的
人从依赖共生的痛苦影响中康复。

慢性精神疾病或致残的慢性躯体疾病

慢性精神疾病的严重程度不一，从不易察觉的、轻
微的，到明显的、致残的都有可能。这里所说的精神疾
病，可能包括美国精神医学学会的《精神障碍诊断与统
计手册》(第 4 版)(*Diagnostic and Statistical Manual*，*4th
ed*，*DSM-IV*) 中列出和描述的任何重大慢性精神与情绪
疾病。

以下是芭芭拉的案例。她是一个 56 岁的已婚妇女，
有四个孩子和一份工作。

　　四年前，我终于去求助了。我从童年早期开始就很抑郁。在治疗中，我了解到我母亲在一生中的大部分时间里都患有慢性抑郁。我记得在我二十五六岁的时候，她撮合我和一个男人约会，而她当时正在与这个男人搞婚外情。可是她还没有离婚，还和我父亲住在一起。和那个男人约会让我感觉十分糟糕。我父亲对我和母亲都很冷漠、很疏远。后来，在我母亲因为过量服用安眠药而住院的时候，我得知父亲在他们婚姻中的大部分时间里都是阳痿的。当然，这是个"家庭秘密"。从记事时起，我一直以为父亲的疏远和母亲的慢性抑郁是我的错，并对此感到深深的羞耻和内疚。小时候，我一直靠听话、在学校表现好、关注母亲才生存下来。

　　我肩负起了照料者的职责。在十来岁的时候，我去图书馆读了我能找到的所有关于心理学的书籍，试图治愈我的父母。在心理治疗和自我反省的康复过程中，我发现我和母亲融合在了一起，我们之间的边界交融在了一起，以至于我每天早上醒来的时候，如果不看看母亲有什么感受，我连自己有什么感受都不知道。

我还了解到，父亲的冷漠和疏远，与我这个小
女孩表现得有多好、学习有多努力毫无关系，
而是与他自己有关。我知道我不需要再做受害
者了。从那以后，我的整体感觉越来越好，生
活也越来越好。我在不断地努力摆脱我从前的
问题。

通过寻求帮助，芭芭拉认识到了在问题家庭里成长
对她的真我造成的伤害，而她现在正在康复之路上稳步
前进。

极度刻板、依赖惩罚、喜欢评判、缺乏爱、完美主义、不自信

虽然许多人的真我遭到了严重的打压，但他们家庭
"问题"的确切本质却是难以识别或说清的。例如，发现
家人有严重的酒精成瘾可能是相对容易的，因为这种问
题很明显。然而，要识别一种不那么明显的问题就比较
困难了。我曾观察并治疗过数百名处于长期康复阶段的
酗酒者成年子女以及遭受其他创伤的人。

凯茜是一个 32 岁的女人，她在一个有问题的家庭里
长大。她家里没有人酗酒，但她参加了一个酗酒者成年
子女的早期治疗性团体，并体验到了个人成长，而我就

是这个小组的带领者之一。她代表了越来越多的"问题家庭的成年子女"，或者"经受创伤的成年儿童"。这些人的背景、生活和痛苦与酗酒者成年子女的相似之处多于不同之处。在康复过程中，她写下了关于自己生活的文字。

> 我的父母无论做什么事都要考虑"别人会怎么想"。在公共场合，我们的确塑造了"完美家庭"的形象——我们对待彼此都很和蔼可亲。回到家里，妈妈和爸爸就不再微笑、聊天、开玩笑了。爸爸在身体、言语和情感上都不与我们亲近，妈妈则会大喊大叫，要求得到关注。

> 我总是有一种要为某事"做准备"或随时待命的感觉……总有一大堆家务要做。做家务的时候，我是最快乐的——我有一个角色要扮演。我很早就学会通过预测接下来需要做些什么来缓解紧张的气氛——好让妈妈更好过。我会有意识地努力不需要任何人的帮助，希望能借此减少一些压力。

> 爸爸要么一直不回家，要么只在家里睡觉。他还不如离我们远点儿。我不记得我和他有任何互动，除了保持距离——尽管他从没在言语

或身体上虐待过我们，但我害怕他。在我成长的过程中，我对爸爸没有什么特别的感觉，但对妈妈的感觉很强烈——我总是"照顾"她，不惹她心烦，不给她添麻烦，揣测她希望我成为什么样的人。这后来发展成了一种很强烈的怨恨，我恨她在我和我爸之间制造了那种隔阂。在我成年后的大部分时间里，我一直在讨好她和反抗她对我的期望之间摇摆不定。我在六个孩子里排行老五，父亲时常不记得我是第几个孩子，我对这件事一直记得很清楚。他在外面是个工作狂。妈妈对家里的东西有强迫症一般的执着。我现在会试着感受自己对于父亲的一些情感。我记得自己曾经过着安安静静的生活，希望没有人注意到我，但同时又渴望有任何一个人能关注我。我当时很胖，总在试图减肥。因为我对自己的外貌不自信，所以总想躲起来。

整个高中生活都很平静，每当我在家的时候，我都觉得自己受到了保护，很安全。我有一种不想离开家的感觉。我不像家里其他孩子那样喜欢运动、戏剧、演讲等。我在大学里依然是这个样子。学校里没有一个安全的、受保护的空间，而我的体重成了一个大问题。我没有人生方向，上过三所大学，最后只拿到了两年制的学位。

我的成年生活只不过是勉强度日。我没有建立和维持人际关系的能力。我和所有约会的男人都分手了。我和室友也处不下去。和老板闹矛盾之后，我就会辞掉工作。我下意识地远离家人。为了控制体重，我患上了贪食症。我会和妈妈完全不喜欢的男人约会。我开始抽烟喝酒，以此标榜我的"独立思考"。

我长期抑郁、孤独、强迫性暴食或节食。我想让别人以为我一切正常，不需要任何人为我做任何事，但我内心极度渴求关注，以至于每当我有一个朋友，我就希望从那个人那里得到满足。

我再也受不了自己暴食－催吐的循环了，三年半前我参加了暴食者匿名互助会，现在已经一年没有暴食了。我也开始参加酗酒者成年子女的治疗团体，我觉得我很适合这个团体，就像我很适合暴食者匿名互助会一样。这些人很像我，我也很像他们。然而，我很快就意识到，康复需要付出极其痛苦的努力。我在一年多以前开始接受酗酒者成年子女的团体治疗，每周都会去一次。

在六个月的时间里，我感觉不到任何情绪，或者说，至少是我无法识别任何情绪。然而，我接触到了团体成员的感受，那些感受与他们当前的问题有关。与此同时，我也能发现并再次体验过去那些因为太过痛苦而无法感受的事情。

我开始愿意冒险让这些人了解我了——主要是出于戒除暴食的渴望。我开始觉得这个团体代表了一个安全的家庭。我在这个家里能够成长，能够开始重新体验我在自己的家里没能得到的东西。尽管我害怕团体交流，觉得自己不值得占用团体的时间，不值得获得团体成员的全然关注，但我逐渐有了一些坦诚的交流。从团体内外真实、坦诚的互动中，我慢慢获得了一种自尊的感觉。我能公开地承认我有感受，能发现感受，并且最终能够表达感受。这一切都是为了能够感觉到自己正在好转。我放弃了破坏性的人际交往模式，也放弃了破坏性的自我看法。我发现，我仅仅是"存在"，就有着内在的价值。我谈论了在一个忽视你的家庭里长大是什么感觉。按照自己的感受如实讲述自己的故事，让我感到非常自由。诚实地对待自我是康复的重中之重——做到这一点很难，因为我来做治疗的时候完全没有自我意识。我发现，对于我来说，即使是稍微意识到我有做自己的权利，也是需要时间的。取得这个结果需要很多时间，也需要培养健康的自我，面对自己在这个过程中的感受——需要一天接着一天，在暴食者互助会和团体治疗中努力。

凯茜故事里的这种家庭，或者像家庭一样的其他环境，体现了许多有问题的、不正常的家庭中的心理动力。常见的父母问题包括极度刻板、依赖惩罚、喜欢评判、完美主义，以及孩子与其他家庭成员之间的冷漠且缺乏爱的关系。这些父母不能满足孩子的精神、情感和灵性需求。

这些状态或问题通常是潜伏的、不易察觉的或隐藏的。如果不进行大量的康复工作，比如参与自助团体，接受团体治疗、个体咨询，或者通过与信任的人分享并倾听他们的分享来进行其他形式的自省，这些问题可能很难被识别出来。从表面上看，这些家庭通常不会被视为有问题或不正常的。事实上，这些家庭通常会被看作"正常的"或"健康的"。这类有问题或不正常的家庭有待更多的观察、探索与研究。

儿童虐待：身体、性、精神 – 情感

儿童虐待在问题家庭里很普遍。对婴儿和儿童来说，虽然严重的身体虐待和明显的性虐待会被视为创伤性的，但其他形式的儿童虐待可能很难被视为虐待。这些虐待形式可能包括轻度到中度的身体虐待、隐蔽或不明显的性虐待、精神或情感虐待、儿童忽视。隐蔽或更难觉察的性虐待包括父母的调戏，涉及性的体验、故事与玩笑，触摸儿童、青少年甚至成年子女的不恰当的身体部位，以及其他不必要的性刺激行为。这种形式的虐待通常会导致根深蒂固的强烈内疚与羞耻，这种感受会在无意识中持续到成年。我会在后面更详细地探讨情感虐待。

还有一些其他问题扼杀了我们的真我。有些例子可以在第 7 章创伤后应激障碍的部分中找到。

父母问题的一些共性

在有些问题家庭里，上述父母问题往往是混合存在的。对于内在小孩的扼杀——或者用更强烈的字眼来讲，对儿童灵魂的谋杀（Schatzman，1973）有着相同的家庭心理动力。这些心理动力可能包括不一致性、不可预测性、专制性和混乱（Gravitz，Bowden，1985）。不一致的、不可预测的行为往往会扼杀孩子的自发性，往往具有"让人崩溃"⊖（crazy making）的一般特征。再加上专制性，这些心理动力可能会导致难以信任他人和害怕被抛弃的核心问题，以及慢性抑郁。这些心理动力会催生混乱的环境。这样一来，安全、有保障和可靠的心理基础就无法形成，而人们只有在这种基础之上才能通过冒险来学着了解自己和他人。

对于有问题或不正常的家庭来说，虽然许多这些特点都很常见，但并非所有问题都会出现在每一个问题家庭里。

不一致性

许多问题家庭都有不一致性。许多问题家庭在这一方面是一致的：一贯否认多个家庭成员的感受，拥有一个或多个家庭秘密。刻板的问题家庭往往更具一致性和可预测性。由于这些特点超出了正常的限度，所以会控制或抑制家庭与个人的成长。

⊖　"让人崩溃"（crazy-making）不单是指字面意义上的让人"疯狂"，而是一个流行心理学里的形容词，形容的是这类行为：看起来非常合乎逻辑，但实际上没有任何道理，会给受虐待者提供自相矛盾、两难的选项，无论受害者怎样选择，都会招致惩罚、批评和虐待。——译者注

不可预测性

许多问题家庭的不可预测性都是在意料之中的。也就是说，这些家庭的成员知道，他们在任何时刻都可能遇到无法预料的事情。与此不同的是，许多人知道他们会遇到什么事情，何时会遇到这种事情，不过他们可能无法在意识层面觉察到，或者与其他人谈论这种情况。然而，他们通常长期生活在恐惧中，担心什么时候会遭受下一次创伤，终日如履薄冰。

专制性

专制性是指，无论这些家庭成员是谁，无论他们如何努力，有问题的人都会以相同的糟糕方式对待他们。这样的家庭缺乏有规律的、合理的规则。在这种家庭里，孩子会失去对于规则制订者（父母）和自我的信任。他们无法理解环境。从另一角度来看，虽然更刻板的家庭可能不会如此专制，但这些家庭仍然有问题、痛苦和不正常的地方，往往对于自己的刻板之处十分专制。

混乱

混乱可能会表现为以下任何一种情况：①身体或情感虐待——教给孩子羞耻、内疚和"不要感受"；②性虐待——除了教给孩子上述内容以外，还有不信任和对于失控的恐惧；③定期和反复出现的危机——教孩子用处理危机的态度对待生活；④一贯封闭的沟通渠道——教孩子"不要说话""不要做真实的自己"和否认；⑤失控——教孩子执着于控制、融合，失去边界或个性。

虽然不正常的家庭往往是混乱的，但许多问题家庭要么看不见混乱，要么很少有混乱。在这些家庭里，混乱的表现形式往往是不易察觉的。明显或公开的混乱不一定会扼杀我们的内在小孩。然而，混乱的威胁（无论是经历危机、遭受任何形式的不良对待，还是目睹其他家庭成员遭受虐待的威胁）——无论这种威胁有多简单、多短暂，都具有同样的破坏性。这种威胁通过引发恐惧来造成伤害。这样的恐惧让我们无法做真实的自己，无法发挥创造性。如果我们不能做真实的自己，发挥创造性，就无法发现、探索并完整讲述我们的人生故事，因此也就无法成长与发展。这样一来，我们无法拥有内心的平静。

即使这种明显的混乱一年只会发生一两次，但它带来的不可预测性、冲动性以及对自我和他人造成伤害的威胁，足以破坏长期的平静与安宁。

无论混乱是明确发生的，还是以威胁的形式存在，处于混乱之中的家庭成员都可能会觉得这是惯例或"常态",以至于他不认为这是混乱。这种规律适用于本章提到的所有问题特征。

不良对待

对于儿童来说,很多种形式的不良对待(糟糕对待或虐待)都可能是难以察觉的,不过它们对我们真我的成长、发展和活力有明显的损害。表 5-3 列出了这些损害的例子。

表 5-3 儿童和成人可能经历的身体、精神、情感和灵性创伤的一些相关术语

抛弃

忽视

虐待:身体——打屁股、殴打、折磨、性,等等
　　　精神——隐蔽的性虐待(见下方)
　　　情感(见下方)
　　　灵性(见下方及正文)

羞辱	限制
侮辱	退缩
贬损	不给予爱
施加内疚	不重视
批评	诋毁
让孩子丢脸	否定
开玩笑	误导
嘲笑	不认可
耻笑	轻视或贬低你的感受、愿望或需求
操纵	打破承诺
欺骗	给予虚假的希望
哄骗	反应不一致或专制
背叛	提出模糊的要求

（续）

伤害	扼杀
残酷对待	说"你不应该感到……"，例如"你不应该感到愤怒"
贬低	说"如果……就好了"，例如"如果你表现好一点儿就好了""如果你不是这样的就好了"
恐吓	说"你应该……"，例如"你应该表现更好""你应该不是这样的"（也可参见表 6-1 的消极信息）
以高人一等的态度对待	
威胁	
惊吓	
压迫或霸凌	
控制	

否认感受与现实

问题家庭倾向于否认感受，尤其是否认家庭成员的痛苦感受。这样的家庭不允许孩子（以及许多成年人）表达感受，尤其是表达痛苦的（也叫"消极的"）感受，例如愤怒。然而，每个家庭通常至少有一名成员（通常是酗酒者或有类似问题的人）可以公开表达痛苦感受，尤其是愤怒。在这样的家庭里，愤怒是长期存在的，而且家庭成员无法直接将它表达出来。这种愤怒往往会表现为其他形式——对自我或他人的虐待、其他反社会行为，以及各种急性、慢性疾病，包括应激相关疾病。孩子看到的现实遭到了否认，而某种新的模式、观点或错误信念系统却被每个家庭成员视为真相。这种幻想往往会用一种非常不正常的方式维系着这个家庭的完整。这种否认和新信念系统，抑制和阻碍了孩子在其生命中最关键的精神、情感和灵性方面的发展和成长（Brown，1986）。

再次声明：发现某些这里阐述的问题可能会让人感觉不适，但这样可以让我们开始走出痛苦与困惑。我们总结出，有问题或不正常的家庭有一些共同的特征。这些特征至少包括以下的一种（通常是多种）：

▶ 忽视	▶ 拥有一个或多个秘密
▶ 不良对待	▶ 不允许感受的存在
▶ 不一致	▶ 不允许其他需求的存在
▶ 不可预测	▶ 刻板（有些家庭）
▶ 专制	▶ 时而混乱（包括以处理危机的态度对待生活）
▶ 否认	▶ 时而平静、正常

问题家庭的其他特征可能包括各种忽视和不良对待。阅读和反思这些不良对待或创伤的例子，可能会帮助我们找到真我。倾听他人讲述他们遭受不良对待或创伤的故事也会有所帮助。然而，开始认可我们自身遭受的不良对待或创伤的最好方式之一，就是对那些接纳我们、

支持我们、不会背叛我们的信任或排斥我们的人讲述我们自己的故事。我将这些人称为"安全的"或"安全而且具有支持性的"，我会在后面的章节描述这些特点。

　　　　　　　¤　　¤　　¤

　　还有哪些其他因素或心理动力扼杀了我们的内在小孩？在下一章里，我会着重探讨低自尊、羞耻感的心理动力，以及消极规则、消极肯定或消极信息的发展。

6

Healing The
Child Within

第 6 章

羞耻感的心理动力
与低自尊

羞耻感与低自尊在扼杀我们内在小孩的过程中起到了重要的作用。羞耻感既是一种感受或情绪，也是我们的整体自我（也就是真我或内在小孩）的一种体验（Fischer，1985；Kaufman，1980；Kurtz，1981）。

羞耻感是我们体验到的一种心理动力或过程，尤其是在我们没有意识到的情况下。有时甚至在我们意识到自身羞耻感的诸多方面的事实时，也会体验到这样的心理动力或过程。

在有问题或不正常的家庭里的成长经历，几乎总会与所有家庭成员的羞耻感和低自尊联系在一起。家庭成员之间的羞耻感只有表现形式的不同。我们每个人都会以自己的方式适应羞耻感。主要的相似之处在于，几乎每个人的心理、行为的出发点都是虚假自我。因此，我们可以称这些有问题或不正常的家庭为"以羞耻感为基础的"。

识别内疚

人们常常把羞耻感与内疚混为一谈。虽然这两种感觉我们都会有，但它们之间是有区别的。

内疚是一种不舒服或痛苦的感受，其原因是做了违反或打破个人标准或价值观的事情，或者是伤害了他人，甚至是违背了协议或法律。因此，内疚涉及的是我们的行为，对自己所做的事情，或者应做而没做的事情感觉糟糕。

就像大多数情绪一样，内疚可能是一种有用的情绪，能够在我们与自我、与他人的关系中指引我们。内疚会告诉我们，我们的良心在发挥作用。犯错后从来不会感到内疚或懊悔的人在生活中会遇到困难，他们通常被称为反社会型人格障碍患者。

我们将有用的、有所助益的内疚称为"健康"的内疚。我们利用这种内疚在社会中生活，解决冲突或困难，纠正错误，或改善我们的人际关系。如果内疚有损于我们心灵的平静、平和以及正常功能——包括我们的精神、情感和灵性成长，我们就称之为"不健康"的内疚。来自有问题或不正常的家庭和环境的人，往往有一种健康与不健康混杂的内疚。不健康的内疚通常没有得到处理或经过修通，这些内疚会挥之不去，有时会造成精神和情感上的障碍。我们对于家庭的"责任"会压倒我们对于真我的责任。还可能存在"幸存者"内疚。也就是说，一个人感到内疚或惭愧，是因为他离开或抛弃了其他人，把其他人留在了有问题的环境里；或者这个人在生活中幸存下来，而其他人却没能坚持下来（更多有关幸存者内疚的内容，也可参阅第 7 章的内容）。

通过认识看到内疚的存在，并加以修通，内疚可以得到显著的缓解。这意味着我们要体验内疚，与信任的、合适的人讨论这种感受。最简单的解决方法是，我们可以向我们可能伤害过或欺骗过的人道歉，并请求他们的原谅。在更复杂的情况下，我们可能需要深入地讨论内疚，也许要在团体或个体治疗中讨论。

内疚通常比羞耻感更容易识别和解决。

我们的羞耻感

在我们意识到自己的一部分是有缺陷的、坏的、不完整的、腐朽的、虚伪的、不够好的或失败的时候，我们就会产生一种不舒服或痛苦的感受，这就是羞耻感。与内疚不同，我们会为做了错事而感觉糟糕，会因为自己是错的或坏的而感到羞耻。因此，内疚似乎是可纠正、可原谅的，而羞耻感似乎是无法摆脱的。

我们的内在小孩或真我会感到羞耻，并且能够对着安全的、具有支持性的人，用健康的方式表达出来。然而，我们的虚假自我会假装没有羞耻感，并且永远不会告诉任何人。

我们都有羞耻感。羞耻感是人之常情。如果我们不修通并放下羞耻感，它就会不断累积，给我们带来越来越多的负担，直到我们成为它的受害者。

除了感觉自己有缺陷或不够好以外，羞耻感还会让我们相信其他人能看穿我们，看穿我们的外表，看到我们的缺陷。羞耻感让人感到绝望：无论我们做什么，都无法纠正这种感觉（Fischer，1985；Kaufman，1980）。羞耻感让我们感到孤立和孤独，就好像只有我们自己才有这种痛苦的感受。

除此之外，我们可能会说："我不敢告诉你我感到很羞耻，因为如果我说了，你就会认为我很坏，我受不了别人说我有多坏。"所以我们不仅把羞耻感藏在心里，还经常屏蔽它或假装它不存在。

我们甚至会把羞耻感伪装成其他的感受或行为，然后将其投射到他人身上。可能会掩盖或掩饰我们羞耻感的感受和行为包括：

- ▶ 愤怒　　▶ 轻蔑　　▶ 忽视或退缩
- ▶ 怨恨　　▶ 攻击　　▶ 抛弃
- ▶ 暴怒　　▶ 控制　　▶ 失望
- ▶ 指责　　▶ 完美主义　▶ 强迫行为

当我们感到或表现出任何这些伪装时，它对于我们的依赖共生或虚假自我是有作用的——起到了不让我们感到羞耻的防御作用。然而，即使我们能够很好地防御羞耻感，它依然会被别人看到，比如在我们低头、身体前倾、回避目光接触或为自己的需求和权利道歉时。我们甚至可能会感到有些恶心、冷漠、孤僻和疏离（Fischer，1985）。无论我们如何防御，如何避免让自己和他人感受到我们的羞耻，羞耻感都不会消失——除非我们了解它的本质、体验它，并与安全的、具有支持性的他人分享。

下面的例子讲述了羞耻感可能有哪些伪装形式。这个例子发生在团体治疗中，当时35岁的会计师吉姆开始和大家讲述他与住在另一个州的父亲的关系。"每次我们打电话时，他都想对我评头论足。我很困惑，想挂掉电话。"团体成员询问了吉姆此时的感受，他又多说了一些，和大家进行了一些互动。他在觉察和识别自己的感受方面存在一些困难，很少和其他团体成员有眼神交流。

"我只是很困惑。我在他身边时一直想做到十全十美，而我永远都不能让他满意。"他又说了一些，然后大家问他现在有什么感受。"我感到有些害怕，有些受伤，我想我还有点儿生气。"作为团体带领者，我还问了他是否有些羞耻，就好像他是有些不够好的人。他说："没有。你为什么会这么想？"我指出，他追求完美、回避眼神交流，以及描述自己与父亲关系的方式，都让我觉得他感到有些羞耻。他眼睛里流出了泪水，说他得想一想。

羞耻感从何而来

我们的羞耻感可能来自我们对于成长过程中听到的消极信息、消极肯定、消极信念及规则的处理方式。我们会从父母、其他承担父母责任的人、其他权威人士（如教师）那里听到这样的信息。这些信息基本上都在告诉我们，我们在某方面不太好，我们的感受、需求、真我、内在小孩是不可接受的。

"你真丢脸！""你真坏！""你不够好。"我们经常听到这样的话，而说这些话的人是我们十分依赖的人，我们在他们面前十分脆弱，以至于相信了他们的话。于是我们把这些话融入或内化到我们的生命中。

　　似乎这还不够，消极的规则还加深了我们的伤口，抑制和禁止我们表达痛苦，而这种表达原本是健康的、需要的、有治愈能力的（见表6-1）。这些规则包括"不许表达你的感受""不许哭泣""孩子应该乖乖听话，不许多嘴"等。因此，我们不仅得知自己是坏的，而且知道绝对不能公开谈论这一点。

表6-1　酗酒者家庭或其他问题家庭里常见的消极规则与消极信息

消极规则	消极信息
不许表达你的感受	你真丢脸
不许生气	你不够好
不许难过	我真希望没有你这个孩子
不许哭泣	我认为你的需求是不对的
照我说的做，但不能学我做的事	赶紧长大吧
要表现好，要"友善"，要完美	要依赖别人
避免冲突（或避免处理冲突）	做个男人
不要想，不要说；听从吩咐即可	男子汉不哭
无论如何，都要在学校表现良好	要像个好女孩（淑女）一样
不许问问题	你没有那种感受
不许背叛家庭	别这样
不许和外人谈论家庭，保守家庭的秘密	你太蠢了（太坏了等）
乖乖听话，不许多嘴	都怪你
不许顶嘴	你欠我们的
不许反驳我	我们当然是爱你的
永远要看上去很好	我在为你牺牲自己
我永远是对的，你永远是错的	你怎么能这样对我
永远要控制好你自己	如果你……我们就不爱你了
要关注酗酒者的饮酒行为（或关注有问题的人的行为）	你真是要把我逼疯了
酗酒（其他问题行为）不是我们问题的起因	你什么事都做不成

（续）

消极规则	消极信息
永远要保持现状	其实并不疼
家里的每个人都必须纵容这种问题	你真自私
	总有一天你会把我害死
	那不是真的
	我保证（然后打破承诺）
	你真让我恶心
	我们原本想要个男孩（女孩）
	你＿＿＿＿＿＿＿＿

　　然而，正如前一章所说，这些消极规则的执行往往是缺乏一致性的。其结果呢？我们难以信任规则制定者和权威人士，会感到恐惧、内疚和更多的羞耻。我们的父母是从哪里得到这些消极信息和规则的？多半也是来自他们的父母和其他权威人士。这是童年创伤（这里表现为情感虐待）代代相传的一个例子。

以羞耻感为基础的家庭

　　在不正常的家庭里，如果每个人的出发点都是羞耻感，都在羞耻感的基础上与他人沟通，那么就可以说这个家庭是以羞耻感为基础的。

　　这种家庭的父母，其婴儿期和童年期的需求没有得到满足，长大成人之后，他们的需求通常也没有得到满足。他们经常利用自己的孩子来满足许多未被满足的需求（Miller，1981，1983，1984，1986）。

以羞耻感为基础的家庭通常（虽然并不一定）会有一个秘密。这个秘密可能是各种令人"羞耻"的情况——从家庭暴力到性虐待，从酗酒到被囚禁于集中营的经历。这个秘密也可能很难被察觉，例如某次失业、没能获得晋升或情感的破裂。保守这样的秘密可能会让所有家庭成员都产生问题，无论他们是否知道这个秘密（Fischer，1985）。这是因为掩饰妨碍了疑问、关切和感受（如恐惧、愤怒、羞耻或内疚）的表达。因此，家庭成员之间无法自由地交流。每个家庭成员的内在小孩都遭到了扼杀——无法成长和发展。

边界

矛盾的是，尽管这种家庭可能沟通不畅，但其成员依然在情感上保持高度的联结，这种联结是通过对秘密的否认，以及共同保守秘密的忠诚来维系的。家庭的一个或多个成员通常存在某方面的能力问题，因此其他成员担负起了他们的责任。每个人都会学着以这样或那样的方式插手别人的事情。这样会导致家庭成员之间相互纠缠、融合，侵犯他人的边界，甚至挤占他人的个人空间。

健康的、个体化的人之间的边界示意图是这样的：

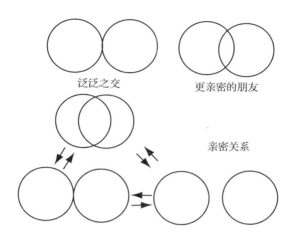

泛泛之交　　　　更亲密的朋友

亲密关系

健康的关系是开放的、灵活的，允许彼此满足某些需求和实现某些权利，并支持每个人的精神－情感和灵性成长。虽然他们经常亲密无间，但他们关系的强度有灵活的起伏，尊重每个人的需求，允许每个人成长为独立的个体。

相反，相互纠缠或融合的关系示意图可能是这样的：

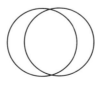

在有问题或不正常的家庭里，示意图是这样的：

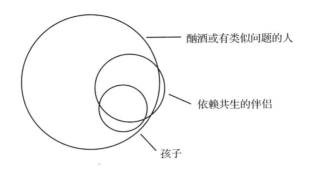

酗酒或有类似问题的人

依赖共生的伴侣

孩子

　　这些相互纠缠或融合的关系通常是不健康的、封闭的、僵化的，倾向于阻碍彼此需求的满足和权利的实现。这些关系通常不支持每个人的精神－情感和灵性成长，很少允许或不允许亲密程度与距离的变化。卡伦和芭芭拉的案例就表明了这种不健康的或融合的边界。

　　为了在这种相互纠缠的关系中生存下来，我们通常会运用几种防御手段，比如否认（否认秘密、我们的感受和痛苦），并将我们的痛苦投射到别人身上（攻击、指责和排斥；Course，1976）。然而，当我们离开这段以羞耻感为基础的关系，就会发现这种以羞耻感为基础的、依赖共生的姿态（如恐惧、内疚、否认和攻击）对我们毫无益处，哪怕我们过去和现在依然在靠这种姿态求生。当我们离开了一段不健康的关系，却还试图用过去在不健康关系中求生的方式和防御来处理健康的关系，那么这些方式和防御通常不会有效。

　　以羞耻感为基础的人几乎总是以某种方式，与一人或多人纠缠在一起。如果我们处于一段不正常的、以羞耻感为基础的关系中，我们可能会感觉自己正在失去理智、即将发疯。即使我们试图检验所知的现实，我们依然无法相信自己的感觉、感受和反应。

强迫行为与强迫性重复

　　如果我们用以羞耻感为基础的、依赖共生的姿态生活，过度关注他人，我们自然会觉得好像缺少了什么，觉得我们有些不完整。我们感到不快乐、紧张、空虚、苦恼、难过、麻木。然而，做真实的自己，对我们来说似乎是一种威胁。我们曾试着坦诚地对待他人，但经常因此遭到排斥或惩罚。所以，要做回真实的自己，表达我们的感受，满足我们的其他需求，实在是太可怕了。此外，我们不习惯这样做。所以，我们会加强防御，不让自己意识到自身真正的需求和感受（见图 6-1）。

　　尽管我们已经疏远并隐藏了真实自我，但他依然有一种表达自己的内在渴望与能量。我们暗自渴望感受真实自我的活力和创造力。长久以来，真实自我一直被隐藏起来，被困在"接近－回避"的两难情境里，他唯一的出路就是某种形式的消极强迫行为。尽管我们只能借此稍稍瞥见真我，但这种行为曾经对我们有效。这类强迫行为的范围很广，从大量饮酒或服用其他药物，到短期的、激烈的恋爱，再到试图控制他人，还可能包括暴食、过度性爱、过度工作、过度消费，乃至过度参加自助团体的活动。

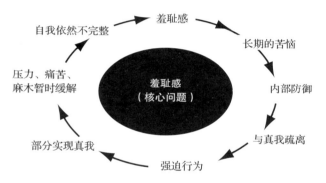

图 6-1　羞耻感与强迫行为的循环

资料来源：经许可，改编自 Fischer，1985。

这种强迫行为往往在某些方面是消极的，比如会伤害自己或他人。虽然我们能在一定程度上控制这种行为——我们有一定的意志力来控制这种行为，我们甚至能有计划地进行控制，但这种行为往往是冲动的、自动化的，就像反射一样。

如果做出这样的强迫行为，我们通常会从紧张、痛苦和麻木中获得暂时的解脱，即使我们可能会为此感到羞耻。即使这种解脱持续的时间很短，我们也能在一定程度上再次感到有活力。然而，我们在之后会感到羞耻和不完整（Fischer，1985）。

这种类型的行为也被称为强迫性重复（Miller，1981，1983）。强迫性重复来自我们无意识中未解决的内在冲突，而无意识是我们内心中通常不被意识到的部分。

解决之道

从千万人的康复经历中，我们得知有一种方法能有效摆脱羞耻感的限制和束缚：向安全的、具有支持性的人讲述我们的创伤和痛苦。

我们暴露和分享的是我们的内在小孩、我们的真我，以及他的所有弱点和优点。我们不能靠自己就治愈我们的羞耻感。我们需要别人帮助我们治愈自己。他们会认可我们的困境和痛苦，接纳我们真实的模样。如果我们倾听别人讲述他们的故事，允许他们分享他们的耻辱，我们就能帮助他们治愈他们的羞耻感。这样做对我们也有所帮助。通过这样的分享与倾听，我们可以开始践行关怀与无条件的爱的原则。

我们每天都能听到、见到无数次这样的分享和倾诉，无论是在自助团体、团体治疗、个体治疗中，还是在亲密朋友之间。

治愈过程中的障碍

在我们开始治愈我们的羞耻感时，可能会在内心遇到阻碍我们继续疗愈的障碍。这些障碍包括：①我们对待自己的消极态度；②过去那些让我们感到羞耻的人的面部表情或对其他画面的记忆——我们现在会在其他人身上，也可能在自己身上看到这些表情或画面；③我们生活中的一些重要方面被羞耻感掩盖或束缚了（Fischer，1985），可能包括下面各项。

- ▶ 我们的感受
- ▶ 我们的健康驱力（如性、攻击性、饥饿，以及对亲密关系的需求）
- ▶ 我们的需求（见第 4 章表 4-1）
- ▶ 我们的思维（尤其是任何"坏"的想法）

年龄退行

举例来说，无论何时，只要我们感受到权威人士（比如父母中的一方）给我们造成了伤害，我们可能就会感到愤怒。然而，愤怒很快就会转化为羞耻感，或被羞耻感掩盖。我们也可能会感到恐惧和困惑。因为所有这些感觉可能会让我们感到不堪重负，就好像我们会失去控制一样，我们会迅速压抑所有这些感受，变得麻木。在此期间，以及在之后的几分钟里，我们会出现不同程度的异常。整个过程可能只有几秒钟，但我们可能会觉得自己仿佛又变成了无助的小孩。这种情况叫作"年龄退行"（age regression），也就是倒退回了早期的求生机制。

　　汤姆是一名 45 岁的律师，也是两个孩子的父亲。在团体治疗中，他讲述了发现自己退行到年幼时的经历。

> 　　我花了 45 年才看清父亲贬低我的真相。上个月，我去拜访父母。刚到家五分钟，父亲就试图奚落我，开了一个律师的玩笑。他说，"奸诈的律师来啦"，然后看着我、母亲、弟弟和妹妹，看我们是否会和他一起哈哈大笑。在互助团体的帮助下，我已经学会了如何应对。我突然感到困惑、无助和愤怒，好像又回到了 5 岁。我低下头，感到麻木。这是一种可怕的感觉，我在成长过程中感受过数百次，而现在只要父亲做这样的事情，我依然会有这种感觉。在和那些试图嘲笑我或评判我的人在一起时，我也会有这种感觉。我意识到，他的这种做法，是

他处理家庭中的冲突与紧张的主要方式之一。他会试图开玩笑、取笑或贬低任何与他有冲突的人。他的另一种做法就是离开那个人，你懂的，就是抛弃那个人，这样冲突就永远不会得到解决。所以，我在练习觉察自己什么时候发生年龄退行，然后深呼吸、四处走动，以便保持头脑清醒，这样我才能与他或其他像他这样的人打交道。现在每当父亲这样做的时候，我就会对他表明我的界限。我会对他说："我不喜欢你拿我的工作开玩笑，如果你再这样，我就不会再来看你了！"

处理年龄退行

意识到了羞耻感的束缚或年龄退行，我们就可以开始摆脱它们的控制。当这种事发生时，我们能够识别出来。一旦我们识别出来，就做几次缓慢的深呼吸。这样做可以缓解我们的困惑、麻木和异常状态，并增强对现状的觉察，这样我们就可以更好地控制自己。我们不会不知所措、感到困惑或陷入异常状态，而是能立即找回真我。站起身来，四处走动，观察周围的现实，这样我们就能做回真我，继续维持正常的状态。如果我们和安全的、具有支持性的人在一起，我们就可以开始谈论自己的感受。我们也可以离开对我们不好的人。即使不离开，我们也可以通过握住车钥匙来获得安慰——这是我们有能力离开的象征。

我们还发现，年龄退行甚至可能对我们有利。它能立即告诉我们，我们受到了不良对待！或者提醒我们想起遭受不良对待的经历。一旦知道自己正在遭受不良对待，我们就能试着采取行动，做出补救，避免不良对待。

我们现在知道有一种解决之道了。我们可以开始治愈我们的内在小孩了。

7

Healing The
Child Within

第 7 章

压力的作用
创伤后应激障碍

创伤后应激障碍（PTSD）不仅会影响内在小孩遭到扼杀和抑制的人，也会影响因为反复的压力与极端的创伤而明显承受痛苦的人。PTSD 与依赖共生的心理动力在很大程度上相互作用，以至于这两种问题经常同时出现。克里茨伯格（Kritsberg，1986）所说的酗酒者子女的"慢性休克"（chronic shock）可以等同于 PTSD。

PTSD 可能有一系列表现，包括恐惧或焦虑、抑郁、易激惹、冲动甚至暴怒行为、麻木等。为了判断一个人是否患有 PTSD，《精神障碍诊断与统计手册》（第 3 版，第 4 版；简称 *DSM-III* 和 *DSM-IV*，1980；1984）提出需符合下列几个条件。

可识别的压力源

一个条件是曾经存在或持续存在的可识别的压力源。

压力源的一些例子与程度记载于 *DSM-III*，并在修改后重制为表 7-1。还有无数其他的例子，我用另一种字体标出了一些在有问题或不正常的家庭中发现的压力源。

表 7-1　心理社会性压力源的严重程度

等级	成年人的例子	儿童或青少年的例子
1. 无	没有明显的心理压力源	没有明显的心理压力源
2. 极小	轻微的违法行为、小额银行贷款	与家人度假
3. 轻度	与邻居争执、工作时间变动	更换教师、新学期
4. 中度	新工作、怀孕、亲密朋友去世	父母长期争吵、转学、亲人患病、弟妹出生
5. 重度	自己或家人患重病、严重经济损失、夫妻分居、孩子出生	同伴去世 父母离婚、被捕、住院 父母持续而严厉的管教
6. 极重	亲人去世、离婚	父母或兄弟姐妹去世、反复遭受身体/性虐待
7. 灾难性的	集中营经历、毁灭性的自然灾害	多位家人去世

资料来源：*DSM-III*.

从这个简短的例子列表中我们可以看出，压力源通常存在于扼杀真我的家庭和环境中。然而，要判断一个人是否患有 PTSD，压力源的类型必须超出一般人生经历的范围，可能包括袭击、强奸、其他性虐待、严重的身体伤害、折磨、集中营经历、洪灾、地震、战争等。我和一些人（Cermak，1985）认为，在问题严重、极不正常的家庭或相似环境中的成长或生活经历，往往与 PTSD 有关。据说，如果有下列情况，PTSD 将更具破坏性，也更难治疗：①创伤持续了很长一段时间，例如超过六个月；②创伤是人为造成的（格外严重）；③患者周围的人经常否认压力源或压力的存在。在酗酒者的家庭或类似的问题家庭里，这三种情况都是存在的。

创伤的再体验

另一个条件或表现是创伤的再体验。这可能表现为对创伤的反复、侵入性回忆，反复出现的噩梦，或者突然出现的创伤再体验症状，往往伴随着心跳加快、惊恐和出汗。

精神麻木

真我的一个突出特点是，它能感受和表达情绪（见表 3-1）。虚假自我会否认和掩盖真实感受。这种被称为"精神麻木"（psychic numbing）的严重症状是 PTSD 的特征。这种症状可能会表现为感受或表达感受的能力受限或缺失，这通常会导致疏远、退缩、孤立、疏离的感觉。精神麻木还可能有一种表现，就是对生活中重要活动的兴趣降低。

瑟马克（Cermak，1986）在描述精神麻木时写道：
"在极端的压力下，士兵常被要求坚持采取行动，忽视自
己的感受。能否生存，取决于他们能否抑制自己的感受，
采取措施确保自己的安全。不幸的是，由此产生的自我
与体验的'分裂'不会被轻易治愈。它不会随着时间的
流逝而逐渐消失。在接受积极治疗之前，个体会不断感
到感受范围受限，识别当下感受的能力下降，以及有一
种与周围环境隔绝的持久感受（人格解体）。这些合在一
起，就是所谓的精神麻木症状。"

其他症状

PTSD 可能会有的一种症状是高度警惕或高度警觉。
患者受到了压力的严重影响，害怕持续的压力，所以他
总是对任何潜在的、类似的压力源或危险保持警惕，并
且会竭力避免这些压力或危险。还有一种症状是幸存者
的内疚——一个人在逃避或回避某些创伤之后，因为其
他人依然在忍受那种创伤而感到的内疚。虽然幸存者的
内疚据说会使幸存者感到背叛或抛弃了其他人，并常常
会导致慢性抑郁，但我认为慢性抑郁是由几个其他因素

导致的，主要是对内在小孩的扼杀（Whitfield，2003）。

　　另一种可能的症状是回避与创伤有关的活动。最后一种症状是多重人格，但这种症状没有在 *DSM-III* 或 *DSM-IV* 中列出。出现多重人格症状的患者通常来自问题严重、压力很大或极不正常的家庭。也许多重人格通常是虚假自我的衍生物，在一定程度上是由真我表达自我和求生的能量所驱动的。

　　瑟马克（Cermak，1985）认为，所谓"酗酒者成年子女""酗酒纵容综合征"或其他类似概念所代表的心理动力，是 PTSD 和依赖共生的组合。根据我治疗酗酒者成年子女并追踪其康复过程的经验，以及治疗其他有问题或异常家庭成年子女的经验，我认为 PTSD 和依赖共生很可能存在于许多有问题或不正常的家庭里。我进一步认为，PTSD 只是以任何形式扼杀真我所导致的广泛障碍的极端延伸。如果我们连记忆、表达自己的感受，以及通过内在小孩的自由表达来为我们的丧失或创伤（无论是真实发生的，还是以威胁的形式存在）哀悼或感到哀伤都得不到允许，我们就会生病。因此，我们可以把未解决的哀伤视为一个谱系，从最轻微的症状或哀伤迹象开始，到依赖共生、PTSD 为止。这个谱系中症状的一个共同点就是真我的表达受阻。

　　PTSD 的治疗包括与其他人（也是这种障碍的患者）

一起接受长期的团体治疗，通常根据需要还要进行较短时间的个体咨询。许多治疗内在小孩的方法都对治疗PTSD 有效。

瑟马克（Cermak，1986）曾说："那些成功治疗这类患者的心理治疗师学会了尊重来访者隐藏自身感受的需求。最有效的治疗过程要在揭露和掩盖情绪之间来回摇摆。PTSD 患者失去的恰恰是这种调节自身感受的能力。他们必须感觉安全，必须知道封闭自身情绪的能力永远不会被剥夺。这种能力会得到重视，会被视为生活的重要工具。这种治疗的最初目标是帮助来访者更自由地体验自己的感受，并相信自己能够在开始感到不堪重负的时候与这些感受拉开距离。对于化学物质依赖者家庭的孩子、酗酒者成年子女，以及其他 PTSD 患者来说，当他们相信你不会剥夺他们的求生机制时，他们就更有可能允许自己的感受浮现出来，哪怕只有一小会儿。而这一小会儿，就是我们的起点。"

8

Healing The
Child Within

第 8 章

如何治愈内在小孩

要重新发现真我，治愈内在小孩，我们要开启一个包含以下四部分的过程。

①发现并练习成为我们的真实自我或内在小孩。

②识别我们持续不断的身体、精神－情感与灵性需求。练习与安全的、具有支持性的人一起满足这些需求。

③在安全的、具有支持性的人的陪伴下，识别、重新体验我们未经哀伤的丧失或创伤，并为之感到哀伤。

④识别并修通我们的核心问题（见下文和其他出处；Whitfield，1995，2003）。

这些部分是紧密相连的，排序无关先后。通过这些努力，从而治愈内在小孩，通常是一个循环的过程，在一个领域内的努力和发现会与另一个领域产生联系。

康复过程的阶段

求生

为了康复，我们必须生存下来。幸存者必然是依赖
共生的。我们会运用许多应对技巧和"自我防御"来做
到这一点。酗酒者的孩子，或其他有问题、不正常家庭
的孩子会通过逃避、躲藏、讨价还价、照料他人、伪装、
否认、学习和适应来求生，使用任何可行的方法活下来。
他们还会学习其他（往往是不健康的）自我防御机制，如
安妮·弗洛伊德（Anna Freud，1936）阐述并由瓦利恩特
（Vaillant，1977）总结的那些防御机制。它们包括：理
智化、压抑、解离、置换、反向形成（过度运用就会被
视为神经症），以及投射、被动攻击行为、付诸行动、疑
病、夸大和否认（过度运用就会被视为不成熟，有时也
会被视为精神病）。

虽然这些防御机制有助于我们在不正常的家庭中求
生，但对于我们成年后的生活却很糟糕。如果我们试图
建立一段健康的关系，这些机制往往对我们不利。使用
这些防御机制会压抑和阻碍我们的内在小孩，促进并强
化虚假的、依赖共生的自我。

金妮是一个 21 岁的女人，在酗酒者家庭中长大。在

康复初期，她写下了下面这首诗。这首诗体现了求生阶段的一些痛苦。

害怕黑夜

就像在黑夜中等待的孩子，

渴求温暖的双手拥抱她的孤独：

让自己热泪盈眶，只为突然得到的安全——

还有爱。

我也一样，在黑暗中孤身一人，

无依无靠，孤苦伶仃，

依然在用孩童的嗓音无声地哭泣，

呼唤那遥远的希望——

那旧日的、神奇的宠爱。

那孩子依然活在我心里，

带着纯真的渴望与伤痛，

困惑不解，被人出卖。

啊，既痛苦又矛盾。

我感到有人来救我，

却知道这不可能。

但为了苍白却有力的旧梦，

温柔而珍贵的爱抚，

我等。

　　　　我等。我一直在等。

　　我早已遗忘——那无名的需求，

　　那已经远离我憔悴心灵的岁月。

　　但它就像某种无形的洪荒之力，

　　　　呼唤、挤进我的现实，

　　　　消磨我顽固的理智。

　　而我因无助的渴望而怪诞，

　　让我的思绪转向内心，转向过去。

　　幼年记忆中的痛苦也已经模糊，

　　　那记忆在不甘中褪色，

　　　　最终屈服并消逝。

　　　　　我没有生命，

　　　我在这无望中等待。

　　在这首诗中，金妮向我们讲述了她的痛苦、麻木、孤独和绝望。然而，她的诗也反映出一丝潜在的希望："那孩子依然活在我心里。"

　　康复的一部分内容就是发现自我，发现内在小孩，发现我们在如何运用这些无效的方式与自己、他人和世界相处。这一过程可以在康复的各工作阶段中有效地完成。

　　我们显然是在求生，我们也确实经历了很多痛苦和苦难。我们可能变得麻木，也可能时而痛苦，时而麻木。渐渐地，我们开始意识到，在我们还是受到不良对待的婴儿、儿童和青少年时，这些技巧和防御方式使我们得以生存下来。然而，在我们成年后试图建立健康亲密的关系时，它们就不那么有效了。虐待、忽视以及建立关系的失败所带来的痛苦影响对我们不再有益，也正是这些痛苦在催促甚至迫使我们摒弃无效的方法，开始另寻出路。另寻出路的行为可能会促使我们开始康复。

格拉维茨和鲍登（Gravitz & Bowden，1985）阐述了酗酒者成年子女的康复，这个过程包括六个阶段：①求生；②意识觉醒；③核心问题；④转变；⑤整合；⑥新生（或灵性）。这六个阶段与弗格森（Ferguson，1980）提出的生命成长与转变的四阶段，以及与坎贝尔（Campbell，1946）、我和其他人阐述过的古典神话故事中英雄之旅的三阶段都有着相似之处。

我们可以将各种划分方式的相似之处澄清、总结如图 8-1 所示。

每个阶段都有助于我们治愈内在小孩。每个阶段往往在回顾的时候才能被我们识别出来。处于某一阶段时，我们并不总能意识到自己处在哪一阶段。这就是在康复中有互助者、引导者、咨询师或心理治疗师很有帮助的原因之一。如果治疗性团体运用本书和其他文献

（Gravitz，Bowden，1985）中阐述的酗酒者成年子女康
复原理进行康复治疗，可能发现这个康复原理很有帮助
（Whitfield，1990）。

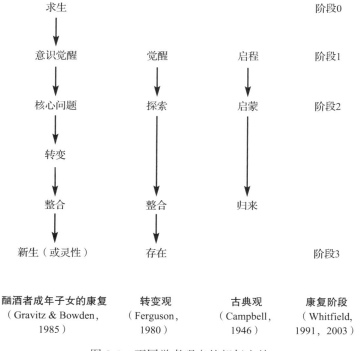

图 8-1　不同学者观点的相似之处

觉醒（意识觉醒）

　　觉醒是我们第一次瞥见"事物"或"现实"并不是
我们所想的那样。觉醒是一个贯穿康复过程始终的持续
过程。起初，我们通常需要一个切入点或诱因——任何

能够动摇我们对于现实、对于事物本质的旧看法、旧信念系统的事物（Ferguson，1980；Whitfield，1985；2003）。

由于真我非常隐蔽，而虚假自我占据主导地位，所以觉醒可能并不容易。即便如此，觉醒也经常发生。我在数百名受创伤的儿童身上目睹过这一过程。这种切入点或诱因可能包括很广泛的事物。对于一些人来说，觉醒可能始于听到或读到某人讲述自己的康复或真我，或者"受够了"我们的痛苦，又或者开始在心理咨询或治疗中认真处理另一种生活问题。对于另一些人来说，切入点可能是参加一次自助团体活动、有教育意义的活动，或者是从书中读到、从朋友那里听说的东西。

在这个时候，我们经常开始感到困惑、恐惧、热情兴奋、悲伤、麻木和愤怒。这意味着我们又开始有感受了。我们开始接触真正的自己——也就是我们的内在小孩、真实自我。在这个时候，有些人会放弃，不再前进。他们发现退回到虚假自我（我们称之为神经症或依赖共生的复发）更容易、更"舒服"，因为这些新的感受让人害怕。

那些正在康复的酗酒者、其他药物依赖者或依赖其他不良行为（如暴食或强迫性赌博等）的人可能会有复发的现象。或者，他们可能会产生一种以羞耻感为基础的强迫行为，比如超前消费。然而，这种觉醒可能是一个契机，让我们冒险或勇敢地发现完整自我，发现我们的活力，甚至最终能够找到一些持久的平静。

寻求帮助

在这个时候，找一个互助者、咨询师或心理治疗师来帮助我们发现和治愈内在小孩是很有帮助的。然而，康复中的人往往非常脆弱，这种脆弱通常与困惑、恐惧以及对康复的热情和（或）抗拒有关。因此，他们可能会找一个没有完成内在小孩康复过程的互助者或临床工作者。如果那些人不能满足自身的需求，他们可能会利用刚刚觉醒的人来满足其中的一些需求。这会导致患者、来访者、学生或"受骗者"再次受到创伤，导致未治愈的创伤的恶性循环，并重返虚假自我（Miller，1983；Jacoby，1984）。

指导原则

下面是寻找互助者、心理治疗师和咨询师的指导原则。根据这些原则找到的人通常是对你有帮助的，而不是有害的。这样的人通常：

①具有真实的受训经历和从业经验。例如，在帮助

人们获得精神、情感和灵性成长方面受过培训且有经验的临床工作者或心理治疗师。他们也能有效地帮助人们解决特定的问题或情况，比如身为酗酒者成年子女或问题家庭的成年子女的相关问题。

②不教条、不刻板、不评判。

③不承诺提供快速解决问题的方法。

④让你能感觉到他们真诚地尊重你这个人，尊重你的康复与成长，但他们也能坚定地督促你为自己的康复努力。

⑤在治疗过程中满足你的一些需求（倾听、镜映、呼应、安全、尊重，理解和接纳你的感受）。

⑥会鼓励和帮助你学会在治疗之外寻找方法，用健康的方式满足你的需求。

⑦在治愈自己的内在小孩方面做得很好。

⑧不会利用你来满足他们的需求（这一点可能很难发现）。

⑨让你和他们在一起时感觉安全、相对舒适。

有时，一个康复中的朋友也会拥有许多这样的品质。然而，朋友或亲人不一定会全神贯注地倾听，通常也没有受过帮助你修通具体问题的训练。朋友和亲人可能会想要你满足他们的需求，有时会需要你用不健康的、无益的方式去满足他们。有些朋友或亲人可能迟早会背叛你、排斥你（通常是无意识的）。你最后可能会感到自己是个"祸害"或"疯子"。接近这些未康复的人通常是不"安全"的，所以你尽量不要与他们接触。

你可能需要一些时间，才能足够信任治疗与康复的过程，才愿意冒险暴露你的真我。给自己一些时间吧。对有些人来说，他们需要的时间相对较短——只要几周即可。对另一些人来说，可能需要一年以上的时间。与治疗师分享这些恐惧，而不要隐瞒，这一点很重要。迈出这一步，就打破了你从小学会的否认感受的模式。

当你产生信任感时，你就可以开始冒险谈论你内心深处的秘密、恐惧或担忧了。我在本书第 12 章和《酒精成瘾与灵性》（*Alcoholism and Spirituality*）一书中描述过这种治愈力量，其他人也谈到过这种力量（Kurtz，1979）。无论是在个体治疗中还是团体治疗中，谈话都是有帮助的，即使一开始你可能会结巴或东拉西扯。你可以随时向咨询师、心理治疗师、团体带领者或团体成员寻求反馈，问问他们对你的看法。无论你选择哪种心理治疗，在治疗之外独力完成大量的康复工作都是有帮助的。这些工作可能包括思考、询问和探索各种想法与可能性的活动，记日记，把自己的梦讲给值得信赖的人听，以及解决自己和他人的冲突。

渐渐地，你在和别人谈论自己时，尤其是在治疗团

体或自助团体中时，会说得更清晰、更简短，这对你的
康复是有帮助的。

心理咨询中有句老话：人在治疗中与治疗外通常会
有相同或相似的交往和行为方式。问问治疗师或团体成
员你的康复状况如何，可能会对你的康复有所帮助。

最后，还有心理治疗中的移情问题。这个问题涉及
你与咨询师、治疗师或团体成员的关系给你带来的感受
与冲突（Jacoby，1984）。即便是你感到愤怒、羞耻、内
疚或有其他什么感受，无论起初在你看来有多么不重要，
都要敢于冒险，明确表达你的感受。尽管你担心自己的
感受是坏的、不合理的，但其实你的感受是正常的。

¤ ¤ ¤

一旦你有了足够的信任，你就可以冒险在康复过程
中表露自我。你通常已经准备好开始有意识地处理一些
核心问题了，我会在下一章讨论这些问题。

9

Healing The
Child Within

第 9 章

开始处理核心问题

问题是指任何冲突、担忧或潜在的困扰，无论是有意识的还是无意识的。对我们而言，它们是不完整的，或者需要采取行动、加以改变。

在我们内在小孩的康复过程中，至少有 14 个核心问题是我们可以修通的。一些临床工作者与作者阐述过其中的 8 个问题，这些人包括格拉维茨与鲍登（Gravitz & Bowden，1985）、瑟马克与布朗（Cermak & Brown，1982），以及费希尔（Fischer，1985）。这些核心问题是：控制、难以信任、难以感受、对他人过度负责、忽视自身需求、"全或无"式思维与行为、对不当行为高度容忍，以及低自尊。除此之外，我还增添了难以做真实的自己、为未经哀伤的丧失而哀伤、害怕被抛弃、难以处理和解决冲突、难以付出和接受爱。

如果我们的生活中出现了某些困扰、担忧、冲突或模式，我们可以和一些我们选择的、安全的、具有支持性的人谈一谈。起初，我们可能并不清楚自己出现了哪个核心问题——也许出现的问题不止一个。核心问题不会以"问题"的形式出现在我们面前。相反，它们最初会表现为我们日常生活中的困扰。然而，通过持续地思考，不断地讲述我们的故事，相关的问题会变得清晰起来。这种认识会帮助我们逐渐摆脱困惑、不满和无意识的消极生活模式（强迫性重复与重演）。

"全或无"式思维与行为

这是抵御痛苦的自我防御，心理治疗师称之为"分裂"（splitting）。当我们这样想或这样做时，我们会走向这样或那样的极端。例如，我们要么全心全意地爱一个人，要么把他恨到骨头里。没有中间地带。我们把周围的人要么看作好的，要么看作坏的，而看不到他们真实的样子。我们会以同样严厉的态度评判自己。"全或无"式思维越多，我们就越容易以"全或无"的方式做事。这种思维和行为会让我们陷入麻烦，遭受不必要的痛苦。

我们可能会被一些以"全或无"的方式思考和做事的人吸引。然而，和这样的人在一起往往会给我们带来更多的麻烦和痛苦。

表 5-1 列出了与酗酒者成年子女、其他问题家庭成年子女的心理动力相关的父母问题。"全或无"式思维可以出现在任何这些父母的问题里。这类父母通常极度刻

板、依赖惩罚、喜欢评判、完美主义。他们通常处于一种以羞耻感为基础的系统里，这种系统会试图掩盖甚至摧毁真我。

"全或无"式思维类似于酒精成瘾、其他化学物质依赖、依赖共生或其他成瘾和执念的相关问题，因为它严重而不切实际地限制了我们的可能性与选择。这种严格的限制会让我们感到压抑，无法在日常生活中发挥创造力和成长。

在康复过程中，我们会开始认识到，生活中的大多数事情，包括我们的康复，都不是"全或无"或"非此即彼"的。相反，这些事情是有好有坏的。它们有不同的灰度，在两个极端中间，是"3、4、5、6、7"，而不是非"0"即"10"。

处理"控制"

控制也许是我们生活中最主要的问题。无论我们认为必须控制什么（别人的行为、我们自己的行为，或者其他东西），我们的虚假自我通常都会牢牢地抓住这个想法，不会放手。这往往会导致情绪痛苦、困惑与沮丧。

归根结底，我们无法控制生活。我们越是试图控制生活，就越会感到失控，因为我们太关注这件事了。感觉失控的人常常为需要控制而困扰。

控制的另一种说法就是执念。明智的人发现，对于控制的执念或需求，是痛苦的基础。诚然，痛苦是人生的一部分。在我们开始考虑别的选择之前，我们可能都要经受痛苦。痛苦可能会为我们指明走向心境平和的道路。几乎总能减轻我们痛苦的选择是"顺其自然"：放下虚假自我，放下对于"我们能够控制一切"的想法的执念。

如果我们抗拒现实，我们就会受苦。我们会慢慢地发现，最有力量、最有治愈能力的行为就是放弃我们对于控制一切的需求。这就是真我的自由。在这种情况下，"顺其自然"与军事上输掉战争的"放弃"或"投降"的意思不同。相反，我们的意思是，顺其自然的人会赢得试图控制的斗争，能减轻大多数由此引起的、不必要的痛苦（Whitfield，1985）。这是生活中一个持续的过程，而不是一劳永逸的目标。

需要"控制"包含了其他几个重要的生活问题，并与它们有着密切的关系：意志力、害怕失控、依赖 / 独立、信任、感受情绪（尤其是愤怒）、自尊与羞耻感、自发性、自我抚育、"全或无"，以及对自我和他人的期待。许多人没有修通这些重要的生活问题。然而，在大多数时候，他们都相信自己已经克服了（也就是控制了）这些问题，以及所有其他生活问题。他们甚至相信自己能够以某种方式控制生活本身。

人们很难认识到生活是无法控制的。无论我们做什么，生活那强大而神秘的进程都会不断向前发展。生活之所以无法控制，是因为它太丰富、太随性、太不规则，以至于无法完全被我们所理解，更不用说被我们的思维、被控制欲强的自我（虚假自我）控制了（Cermak，1985）。

在这个时候，我们会发现一条出路，一种摆脱始终需要控制的痛苦的方法。这种方法就是顺其自然，然后逐渐成为生活的共同创造者。康复的灵性层面在这方面会成为强大的助力。参与并投入十二步骤康复项目是有帮助的，例如酗酒者家庭互助会、匿名戒酒互助会、酗酒者成年子女协会、依赖共生者匿名互助会和暴食者匿名互助会以及其他项目。其他灵性成长的方式也可能有所帮助。

我们可以通过向合适的人求助，通过顺其自然来改善我们的控制问题。当我们这样做的时候，我们就会开始发现真我，感到更有活力。

对他人过度负责

许多在有问题或不正常的家庭中长大的人，都学会了过度负责。这似乎是避免许多痛苦感受（如愤怒、恐惧和伤痛）的唯一方法。这样也能给我们一些掌控的

错觉。然而，曾经似乎行得通的做法，现在并不总是
奏效。

　　一名 40 岁的患者告诉我，他总是对同事的要求说
"好"，这给他带来了很多痛苦。两年来，通过接受团
体治疗，参加了一门培养自信果断的课程，他学会了说
"不"，也学会了让其他人做他做不了或不想做的事。他
正在发现他的真我、他的内在小孩。

　　还有一些人可能不是过度负责，而是不负责任、消
极，觉得自己是这个世界的受害者。对这些人来说，努
力改善这些问题也会有所帮助；有些人可以从学会建立
健康的边界中受益（Whitfield，1995）。

忽视自身需求

　　否认和忽视自身的需求与对他人过度负责密切相关。
这两种问题都是由虚假自我导致的。现在回顾一下第 4
章可能会对你有所帮助。有些人可能会觉得把表 4-1（列
出了一些人类的需求）抄下来，放在能经常看到的地方
会很有用（也可以随身携带）。

　　通过观察和康复的努力，我们可以发现能够用健康
的方式满足这些需求的人和地方。渐渐地，随着越来越
多的需求得到了满足，我们会发现一个关键的真相：我
们才是最有影响力、最有效率、最有力量的人，能够

帮助我们得到自身需要的东西。我们越是能意识到这一点，就越能寻求自己需要的东西，提出要求并真正满足这些需求。在我们这样做的时候，我们的内在小孩就会开始觉醒，并最终开始茁壮成长，发挥创造力。维吉尼亚·萨提亚曾说："我们需要把自己看作奇迹的基础，是值得被爱的。"

对不当行为高度容忍

来自有问题或不正常家庭的孩子，在成长过程中不知道什么是"正常"、健康、恰当。由于没有其他检验现实的参照点，他们会认为自己的家庭和生活，以及其中的不一致性、创伤和痛苦都是"天经地义"的。

有问题的家庭、友谊和工作环境往往会促进虚假自我的滋生。事实上，当我们扮演虚假自我的角色时，我们就会固定在这个角色里——我们不知道还有其他的存在方式。

康复过程中，在技巧娴熟的、安全的他人的监督与反馈之下，我们会慢慢地了解什么是健康的，什么是恰当的。其他与此相关的问题有：对他人过度负责、忽视自身需求、边界问题，以及羞耻感和低自尊。

蒂姆是一个30岁的单身男人，他在我们的团体中接受了两个月的治疗。他告诉我们："在我小的时候，每当父亲喝酒，我就不得不听他胡说八道，忍受他胡作非为。每天晚上和每个周末的大部分时间都是如此。每当我试图离开他，我都感到非常内疚。我母亲也常对我说我有多么自私。即便是今天，我已经长大成人，我依然允许别人对我不好。我任由一些人随意欺负我。直到我了解了问题家庭成年子女的问题，开始阅读相关书籍，并参加团体治疗，我才意识到自己有问题。"蒂姆正在逐渐了解他为什么会对他人的不当行为高度容忍，并开始摆脱这种难以觉察的不良对待。

害怕被抛弃

被抛弃的恐惧可以追溯到我们人生最初的几秒、几分钟和几小时。这种恐惧与信任和不信任的问题有关。对于那些在有问题或不正常的家庭中长大的孩子来说，这种恐惧尤其严重。因此，为了对抗这种恐惧，我们常常不信任他人。我们把自己的感受封闭起来，这样我们就不会感到受伤。

我的一些患者说，在他们的婴幼儿期，他们的父母会威胁说要离开或抛弃他们，以此作为一种惩戒措施。这是一种残酷的行为，也是一种创伤。从表面上看可能没什么害处，但在我看来，这是一种隐蔽的儿童虐待。

胡安是一个 34 岁的离异男人。他是一个成功的作家，在一个有问题、不正常的家庭里长大。他在团体治疗中告诉我们："我不太记得五岁以前的生活了，但我记得在那个时候，父亲离开了我、母亲和妹妹——事先毫无预兆！他告诉我母亲，他要去西部出差，会回来的，但他没告诉我们这些孩子。而且，母亲把我送到 600 英里[⊖]外的姨妈家，却没告诉我为什么。我当时一定很震惊。我一直在否认这一切，直到现在才承认。就在最近的几个月里，我才找到了自己的感受。那个混蛋抛弃了我，而我母亲也嫌弃我。那一定让我内心的小男孩很受伤。现在我也开始对那件事生气了。"在后来的一次治疗中，他告诉我们："我学会的一种应对人们抛弃我的方式就是，不要和他们太亲近。对于有些女人，我会和她们走得很近，但如果出现冲突，而冲突的持续时间很长，我就会立即离开她们。我现在明白了，我这是赶在她们离开我之前先抛弃她们。"胡安仍在继续处理这一康复过程中的重要问题（抛弃的问题）带来的伤痛和愤怒。

难以处理和解决冲突

对于成年子女来说，难以处理和解决冲突是康复的

⊖　1 英里≈1.61 千米。——译者注

一个核心问题。这个问题涉及大多数其他核心问题，并与它们相互作用。

在有问题或不正常的家庭中长大，我们会学着尽可能地避免冲突。当冲突发生时，我们学会的主要做法就是以某种方式退缩。有时我们会变得咄咄逼人，并试图压倒那个与我们产生冲突的人。如果这种做法不管用，我们就会采用间接的方式，试图操纵他人。在不正常的环境里，这些方法可能有助于确保我们的生存。然而在健康的亲密关系中，这些方法往往不起作用。

康复本身（也就是治愈内在小孩）建立在发现一个又一个冲突，然后加以解决的基础之上。然而，每当我们面临冲突时，恐惧和其他痛苦的感受可能会让我们难以承受。我们不愿直面痛苦和冲突，而是可能重拾以前的做法。这可能包括按照"我能靠自己做到"的想法去做事。问题是，"靠自己"可能并不总是对我们有好处。

乔安妮是一个 40 岁的女人。她在问题家庭成年子女的团体中接受了 7 个月的治疗。她曾试图在团体中占据主导地位。然而肯在加入团体的时候，他曾试图用自信果断的态度对待乔安妮，有时他的攻击性足以让乔安妮感到困难和沮丧，难以维护她过去的主导地位。在与肯发生了几次口角之后，乔安妮宣布她决定离开这个团体。

经过团体成员的探索，他们两人的基本冲突显露出来。我的搭档和我对他们说："乔安妮、肯，还有团体里的所有成员，都处于康复中的关键时刻。你们正处在一场重要的冲突之中。在这里，你们有一个机会，因为这个团体很安全，你们可以在这儿修通这个核心问题。在过去，你们是怎样处理冲突的？"

团体成员讨论了他们过去如何逃避冲突，或者变得咄咄逼人，甚至操纵他人，但这些做法都不能解决他们的问题。一个团体成员对乔安妮说："你的确有机会修通这个问题。我希望你不要走。"她说她会考虑一下。第二周，乔安妮回来了，她说她决定留在团体里。

她对大家说，她觉得大家不肯倾听她，也不支持她，自从肯加入团体之后，这种感觉更强烈了。接下来的讨论暴露了更多的问题，包括她一直难以发现并满足自己的需求。她也一直觉得父母不欣赏她、不爱她。她、肯和其他团体成员一起努力处理他们的冲突。经过几次治疗，这个冲突终于解决了。

在处理和解决冲突的时候，我们首先要意识到我们陷入了冲突。然后，如果我们觉得安全，就会冒险表达我们的担忧、感受和需求。通过修通冲突，我们会越来越善于识别和修通过去和当下出现的冲突。

承认并修通冲突是需要勇气的。

开始谈论我们的问题

在康复中，我们会开始表达真我深处的体验与恐惧，比如被抛弃的感觉。在安全的、接纳我们的人面前分享感受、担忧、困惑和冲突时，我们会构建一个在其他情况下无法讲述的故事。虽然让他人听到我们的故事是有帮助的，但最有用、最有治愈能力的一点是让我们（即讲故事的人）听到自己的故事。在讲出这个故事之前，我们并不总能确切地知道它究竟是怎样的。

因此，无论我们想处理哪种担忧、困扰或生活问题，与一个或多个安全的人冒险谈论这件事都是一种解脱的方法，能帮助我们摆脱沉默与隐忍带来的不必要的负担。如果我们从内心和真我的深处出发，讲述自己的故事，我们就会发现关于自我的真相。这样做就是在疗伤。

最常见的情况是，在我们康复过程的早期，核心问题和感受出现时，我们的虚假自我就会把它们伪装成其他的样子。在康复过程中，我们的一项任务就是学会在问题出现的时候识别问题。与安全的人谈论我们的担忧能带来诸多益处，其中之一就是有助于暴露并澄清我们的问题。

其他问题

至于康复中的其他主要或核心问题：我已经在第 6 章讨论了低自尊或羞耻感；在整本书中，我讨论了做真实的自己，哀伤，处理我们的感受，以及解决冲突的问题。我在其他书中也讨论了这些核心问题，在《我的康复》中，我谈到了如何在制订个人康复计划的时候将这些问题包含在内。

触发核心问题

许多情境都可能触发我们的核心问题，从而使这些问题被激活，更频繁地出现在我们的生活中。一种情境就是亲密关系——在这种关系中，两个人要敢于在彼此面前做真实的自己。在一段亲密关系中，我们会分享自己很少在他人面前表露的自我。这种分享会引发信任、情绪和责任等问题。在康复过程中，虽然我们有很多建立亲密关系的机会，但我们与咨询师、心理治疗师、治疗团体带领者或互助者之间的关系可能也确实会触发许多问题。为了以最有益的方式处理这些问题，我们要尽可能多地练习做真实的自己。这需要我们做到顺其自然、信任、冒险与参与。所有这些可能都会让人感到害怕。

其他经常触发或导致这些问题出现的因素包括重大

的生活转变（Levin，1980），对我们在工作中、家庭中
或玩耍时的表现的要求——尤其是在看望我们的父母或
回到原生家庭的时候（Gravitz & Bowden，1985）。当我
们的感受、沮丧和问题浮现出来的时候，如果我们保持
真实，把真实自我与安全的、值得信任的人分享，我们
就可以开始摆脱这些感受、沮丧和问题。

¤　　¤　　¤

在接下来的三章中，我们将更多地讨论感受，以及
如何在疗愈中利用它们。

10

Healing The
Child Within

第 10 章

识别与体验
我们的感受

　　觉察并积极地处理我们的感受，在治愈内在小孩的过程中是至关重要的。

　　在有问题或不正常的家庭中长大的人，往往无法满足自己的需求。需求得不到满足就会很痛苦。我们会感受痛苦的情绪。在这种家庭里，父母和其他家庭成员往往无法倾听、支持、抚育、接纳或尊重我们，因此我们通常不能和任何人分享自己的感受。这种情绪痛苦很难受，所以我们会用第 8 章描述的各种不健康的自我防御来与之对抗，从而将感受拒之门外，远离我们的意识。尽管要付出代价，但这样做能让我们生存下来。我们变得越来越麻木、疏离和虚假。

　　如果不能做真实的自己，我们在精神、情感和灵性方面都不会成长。我们不仅会感到窒息、没有生气，而且经常会感到沮丧和困惑。我们会处在受害者的立场上。我们不会觉察到整体自我，我们觉得好像他人、现行秩序和世界都在"和我们作对"，好像我们是受害者，任凭它们摆布。

摆脱这种受害者的立场和痛苦的方法，就是开始识别并体验我们的感受。有一种促进我们了解和体验感受的方法，那就是和安全的、具有支持性的人谈论感受。

比尔今年36岁，在工作上很成功，但没能拥有他想要的亲密关系。有一天，在团体治疗中，他说："我过去很讨厌我的感受，讨厌总是被要求在这儿谈论感受。在这个团体中待了两年，我开始意识到感受的重要性了。我甚至开始享受感受，即使有的感受让人痛苦。总的来说，当我有感受的时候，我就觉得自己更有活力。"

我们没必要对自己的感受了如指掌。我们需要知道的就是感受很重要，我们每个人都拥有所有的感受，开始了解并谈论感受是健康的。感受可以和我们做朋友。如果处理得当，感受就不会背叛我们，我们也不会失控、被压倒、被吞没——就像我们害怕的那样。

我们的感受是我们感知自己的方式。它们是我们对周围世界的反应，是我们感觉自己活着的方式（Viscott，1976）。不能觉察自己的感受，我们就不能真正地觉察生活。感受总结了我们的体验，告诉我们这种体验是好还是坏。在我们与自己、他人和周围世界的关系中，感受是最有用的纽带。

感受的谱系

我们有两种基本的感受或情绪——快乐的和痛苦的。快乐的感受让我们感觉有力量、幸福、完满。痛苦的感受会影响我们的幸福感，耗尽我们的精力，让我们筋疲力尽、空虚、寂寞。然而，即使感受可能让人痛苦，它们也经常会告诉我们一些事情，给我们信息：某件重要的事情可能正在发生，可能需要我们的注意。

每分每秒，每一天，感受都是自然发生的。觉察我们的感受，体验它们自然的流动，能为我们带来几个好处。我们的感受既能提醒我们，又能让我们放心。它们是我们在当下和一段时间以内的状况好坏的指示器或计量表。它们能给予我们一种掌控感和生命力。

我们的真实自我既能感受快乐，也能感受痛苦。真实自我能与恰当的人表达和分享这些感受。然而，虚假自我往往会迫使我们在大部分时间里感受痛苦，却憋在心里不与人分享。

简单起见，我们可以将这些快乐和痛苦的感受描述为一个谱系，从最快乐的感受开始，到最痛苦的感受，最后以困惑、麻木结束。如图 10-1 所示。

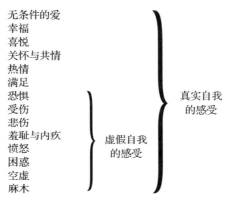

无条件的爱
幸福
喜悦
关怀与共情
热情
满足
恐惧
受伤
悲伤
羞耻与内疚
愤怒
困惑
空虚
麻木

虚假自我
的感受

真实自我
的感受

图 10-1　描述感受的谱系

　　用这种方式来看待我们的感受，我们可以看到真实自我、真我和内在小孩拥有广泛的可能性，超出了我们的想象。内在小孩的健康与成长，与心理治疗师和咨询师所说的"强大的"自我或自我意识有关，也就是灵活的、有创造力的、能够在生活中随机应变的自我。相反，虚假自我往往更加有限，只对大多数痛苦感受有反应——也可能完全没有感受，即麻木。我们的虚假自我往往和"弱小的"自我或自我意识有关，也就是不太灵活的、以自我为中心的（消极的或利己主义的）、更加僵化的自我。（最初弗洛伊德和他的追随者用"ego"一词来表示我们现在所理解的真实自我和虚假自我。但是大约从 1940 年开始，客体关系和自体心理学家为这些概念做了区分，他们通常不使用"ego"这个术语。如今，越来越多的人将"ego"等同于虚假自我。）为了掩盖痛苦，我们会使用相对不健康的防御来抵御痛苦，这些防御让我们在生活中的发展潜力和选择都减少了。

对感受的觉察水平

为了生存，在有问题的环境中长大和生活的人往往会将自己的感受局限于虚假自我的范围之内。随着我们开始探索，并且越来越多地觉察到自己的感受，我们会发现，我们对感受可能有四种不同的觉察水平（见表 10-1）。

水平 1：封闭感受

如果我们不能感觉到一种感受，我们就失去了为之准确命名并利用它的能力。在这个水平上，我们不仅不知道这种感受，而且无法理解并表达这种真我的状态。虽然我们也许能谈论肤浅的话题，甚至说出客观的事实，但我们的人际交往、体验生活和成长的能力都很弱。我们将这种成长和分享感受的水平称作"封闭"水平，或"水平 1"。

表 10-1　觉察和表达感受的水平以及分享的指导原则

我们感受的状态	表达	自我表露	人际互动与成长的能力	与什么样的人分享我们的感受	
				不合适的人	合适的人
水平 1：封闭感受	• 肤浅的话题 • 只提及客观事实	• 无 • 明显的事实	无	大多数人	少数挑选出来的人
水平 2：开始探索	• 用想法与观点来取悦他人	• 小心翼翼 • 偶然的	很少	不想倾听的人	想倾听的人
水平 3：探索和体验	• 真诚的本能水平	• 有意愿 • 开放	很多	背叛或排斥我们的人	安全的、具有支持性的人
水平 4：分享我们的感受（开放、表达与观察）	• 最佳状态	• 在有益于生活的情况下是完整的	最多	背叛或排斥我们的人	安全的、具有支持性的人

资料来源：改编自 Dreitlein, 1984。

水平 2：开始探索

在水平 2，我们可以开始探索自己的感受了。这个时候，我们在分享新发现的感受时可能有些小心翼翼，这些感受出现在对话中的时候，可能会伪装成想法和观点，而不像真实的感受。在这个水平上，我们与他人的互动依然很少，体验生活和成长的能力依然很弱，但已经比水平 1 强了。虽然大多数人都有感受，并且经常想要表达，但多数人并没有这样做，因此在生活中对感受的觉察和分享都处于很低的水平，局限在水平 1 和水平 2 上。这种对感受的有限利用，是虚假自我的习惯。

水平 3：探索和体验

随着我们开始了解真我，我们也开始在更深刻、更本能的水平上探索并体验自己的感受。在这种情况下，有感受时，我们就能告诉别人我们的真情实感。这样一来，我们就能与重要的人有很多人际互动，更多地体验我们的生活。我们也因此获得了精神、情感和灵性的成长。当我们达到更有成效的水平 3 时，我们就能更好地了解自己，更好地体验与他人的亲密关系。

水平 4：分享我们的感受

然而，与他人分享感受就像一把双刃剑。首先，我们可能会和不想倾听的人分享感受。他们自身可能就处在水平 1 或水平 2 上，因此无法倾听。或者，他们可能看上去在听，但实际上只关注自己的目的，而他们的目的与我们的截然不同，甚至可能出现更痛苦的结果。我们可能会和不安全的、缺乏支持性的人分享，可能因为分享而受到排斥，甚至遭到背叛。下面的康复经历说明了分享感受的困难。

肯是一个 34 岁的成功推销员。在他成长的家庭里，父亲和哥哥都有酗酒的问题，而母亲是个酗酒纵容者。在治疗团体中，他谈到最近在家办生日聚会的时候，他给哥哥定下了规矩，要求哥哥不要在现场喝酒。有人问肯，考虑到哥哥过去的行为模式，他有可能会破坏生日聚会，想到这一点时肯有何感想。肯对大家说，他对此"感觉还好"。团体成员追问他到底有什么感受，他再次说道："哎呀，还行。我今天给你们讲这件事，是为了听到你们的反馈。"团体成员继续询问他的真实感受。渐渐地，肯意识到他一直在屏蔽和压抑恐惧、愤怒、沮丧和困惑的感受，他把这些告诉了大家。

肯利用了治疗团体的好处，也就是可以把其他成员当作镜子，征求他们的反馈。当时，他参加团体治疗已经有三个月了，已经开始相信这个团体是安全的、具有支持性的，是一种可以让他吐露担忧和困惑的资源。他借助团体帮助自己发现了真我的一个重要部分——他的感受。

当我们分享自己的感受时，最合适的做法是与安全的、具有支持性的人分享。对于那些在有问题或不正常的家庭中长大的人来说，他们在康复初期可能想要分享很多东西，以至于遭受排斥、背叛，或者因为把感受不加区分地告诉他人而陷入麻烦。他们可能难以意识到，与所有人分享感受是不合适的。

分享 – 检查 – 分享，以及安全的人和不安全的人

我们该如何判断谁是安全的，谁不是安全的？一种方法是利用"分享 – 检查 – 分享"技术（Gravitz，Bowden，1985）。如果我们有一种想要分享的感受，但不确定谁是安全的，那么可以与我们选择的人稍稍分享一点儿我们的感受，然后看看他们的反应。如果他们没有倾听我们的话，试图评判我们，或者马上就想给我们建议，那我们可能就不想再和他们分享感受了。如果他们试图否定我们的感受或排斥我们，尤其是以在背后谈论我们的方式背叛我们、背叛我们的信任，那么他们很可能就不是"安全的"，不应继续与他们分享。相反，如果他们能够倾听、支持我们，不做出上述的反应，那么继续与他们分享就可能是安全的。判断"安全"的另一个方法是，这些安全的人会与我们进行眼神交流，往往会流露出同情，不会试图立即改变我们、我们的处境或感受。从长

远来看，一个安全的人会始终如一地倾听和支持我们，不会背叛或排斥我们。

适合练习分享与检查的场合有治疗性团体、自助团体，以及与咨询师、心理治疗师、互助者或信任的朋友、所爱的人在一起的时候。

自发与观察

随着我们变得更愿意、更有能力相信真我和他人，我们就可以开始用更完整的方式选择性地表露我们的感受。随着这种分享方式持续发展、日趋成熟，我们就越来越能够观察自己的感受（达到水平4）。在这样做的时候，我们会发现一条能够为我们赋能、治愈我们的原则：我们不是我们的感受。对于我们的活力，以及我们了解、喜欢自己和他人的能力，感受都是有用的、重要的。与此同时，我们也能简单地观察感受。此时我们能与感受和谐共处。感受不会压垮我们，也不会控制我们。我们不是感受的受害者。这种觉察感受的水平是高等级的。

转化我们的感受

每种感受都有其相反的一面（见表 10-2）。每当我们意识到一种痛苦的感受，每当我们体验这样的感受，再将其放下，就能把它们转化成快乐的感受。将痛苦转化成快乐，将"诅咒"转化成礼物，能让我们心怀感激。

表 10-2　一些感受及其相反的一面

痛苦的感受[1]	快乐的感受
恐惧[2]	希望
愤怒[2]	喜爱
悲伤	快乐
憎恨	爱
孤独	归属
受伤	宽慰
无聊	投入
沮丧	满意
自卑	平等
怀疑	信任
厌恶	吸引
害羞	好奇
困惑	领悟
排斥	支持
不满足	满足
软弱	有力量
内疚	无辜
羞耻[2]	自豪
空虚	满意、完满

注：[1]　你可能会发现，我没有把这些痛苦的感受称作"消极的"，因为经常感到这些痛苦，可能对我们是积极的、有用的，这取决于我们如何利用这些感受。

　　[2]　恐惧、愤怒和羞耻可能是最没用的感受。

资料来源：部分编写自 Rose et al., 1972。

我们的感受能与我们的意志和理智一同帮助我们生活和成长。如果我们否认、扭曲、压抑或抑制感受，只会阻碍它们的自然流动。受阻的感受会导致痛苦和疾病。相反，如果我们能觉察、分享、接纳自己的感受，然后将其放下，我们就会更健康，能更好地体验我们自然状态下的宁静、内在的平和。

花时间与感受相处，对于我们的成长和幸福是必不可少的。摆脱痛苦感受的方法就是经历它的过程。

我们的感受是我们成长过程（这里讨论的是哀伤的过程）中关键心理动力的重要组成部分。每当我们失去某些对我们重要的东西时，我们必须为之哀伤，并在此基础上成长。我在下一章会阐述这个主题。

11

Healing The
Child Within

第 11 章

哀伤的过程

　　创伤是一种丧失，可能是真实的丧失，可能是丧失的威胁。每当我们失去或不得不放弃某些我们拥有的、重视的、需要的、想要的或期望得到的东西时，我们就会体验到丧失。

　　小的丧失或创伤十分普遍、不易觉察，以至于我们常常不把它们视为一种丧失。然而，所有的丧失都会带来痛苦或不快：我们将这种痛苦和一连串的痛苦感受称作哀伤。我们也可以称之为哀伤的过程。如果我们允许自己感受这些痛苦，为它们赋予准确的名称，如果我们逐步地将哀伤与安全的、具有支持性的他人分享，我们就能完成哀伤的工作，从而摆脱哀伤。

　　完成哀伤的工作需要时间。丧失越大，需要的时间通常就越长。对于一个小的丧失来说，我们可以在几小时、几天或几周内完成大部分的哀伤工作。对于中度的丧失，这项工作可能需要持续数月到一年，或者更长时间。对于重大的丧失来说，以健康的方式完成哀伤通常需要 2～4 年，甚至更久。

未解决的哀伤的危险

　　未解决的哀伤，就像被瘢痕组织覆盖的、很深的伤口，这种伤口里的脆弱情绪在溃烂、化脓，随时准备再次爆发（Simos，1979）。每当我们经历丧失或创伤时，我们体内都会激起需要释放的能量。如果我们不释放这些能量，压力就会积累，形成一种长期的痛苦状态。克里茨伯格（Kritsberg，1986）称之为慢性休克。如果这种长期痛苦得不到释放，就会以不适或紧张的形式储存在我们体内，而我们起初可能难以觉察。我们可能会体验到这种不适或紧张的多种表现形式，如慢性焦虑、紧张、恐惧、不安、悲伤、空虚、不满足、困惑、内疚、羞耻，或者是一种麻木的、"什么感觉也没有"的感受——这种情况在许多成长于问题家庭的人身上很常见。在一个人的身上，这些感受可能会来来去去。可能会出现睡眠困难、疼痛或其他身体不适，也可能导致严重的精神-情感或躯体疾病，包括 PTSD。简而言之，如果不以完整、健康的方式哀伤，我们就会付出代价。

　　如果我们在童年时经历了丧失，却不被允许哀伤，我们可能会带着上述的几种问题长大，而且这些问题会贯穿我们成年期。我们也可能形成伤害自己或伤害他人的行为习惯。这些破坏性的行为可能会让我们和他人感到不快，让我们陷入麻烦，给我们带来一次又一次的危机。如果这些破坏性行为重复出现，我们就可以称之为"强迫性重复"。这就好像有一种无意识的驱力或强迫性冲动在驱使我们不断重复一种或多种这类行为，尽管这些行为通常不符合我们的长远利益。

在有问题或不正常的家庭中长大的孩子会经历无数的丧失，他们往往无法以完整的方式为之哀伤。在他们试图哀伤的时候，他们会接收许多负面的信息，这些信息组成了重大的障碍：不感受、不谈论（见表6-1）。这些在童年期、青春期学到的规则和模式如果持续到成年期，就很难再改变了。然而，通过治愈内在小孩，通过寻找、抚育并形成我们的真我，我们能够改变这些无效的行为和现象。这样一来，我们就能开始摆脱重复的、不必要的困惑和痛苦。我们首先必须识别自己的丧失或创伤，并为之命名。然后，我们就可以开始重新体验这些伤痛，经历并完成我们的哀伤过程，而不是像之前那样，试图绕过或回避这一过程。

开始哀伤

我们可以通过几种方式开始哀伤的工作。其中的一些方法包括：

①识别（也就是准确命名）我们的丧失。

②识别我们的需求（见表 4-1）。

③识别与体验我们的感受（见第 10 章）。

④处理核心问题（见第 9 章）。

⑤参加康复项目。

识别我们的丧失与创伤

识别伤害、丧失或创伤可能很困难，尤其是在我们可能已经将其"掩盖"、压抑或抑制的情况下。识别很久以前发生的丧失可能更为困难。虽然谈论我们的痛苦和担忧可能会有所帮助，但简单的谈话或"谈话疗法"可能不足以激活与未经哀伤的丧失有关的感受或哀伤。

这就是为什么体验性技术或疗法在激活和促进哀伤的工作中十分有用。体验性技术（如团体治疗、冒险提出真实的担忧，或家庭雕塑技术）能让人保持专注，自发地触及无意识过程。这种无意识过程在一般情况下是不为我们的常规意识所知的。据估计，只有 12% 的生活和经验存在于意识觉察之中，88% 则存在于我们的无意识觉察之中。这些体验性技术不仅有助于识别，还有助于我们实际的哀伤工作。以下是一些体验性技术的例子，这些技术可以用来为我们未经哀伤的痛苦、丧失或创伤而哀伤，从而治愈我们的内在小孩。

① 与安全的、具有支持性的人一起冒险和分享，尤其是分享感受。

② 讲故事（讲述我们自己的故事，包括冒险与分享）。

③ 修通移情（我们投射或"迁移"到他人身上的感受，也包括他人投射或"迁移"到我们身上的感受）。

④ 心理剧、重构、格式塔疗法、家庭雕塑技术。

⑤ 催眠及相关技术。

⑥ 参加自助团体活动。

⑦ 参加十二步骤康复项目（酗酒者家庭互助会、酗酒者成年子女协会、匿名戒酒互助会、暴食者匿名互助会等）。

⑧ 团体治疗（这通常是一个安全的、具有支持性的场合，能够练习许多这些体验性技术）。

⑨ 伴侣治疗或家庭治疗。

⑩ 引导性想象。

⑪ 呼吸练习。

⑫ 肯定。

⑬ 梦境分析。

⑭ 艺术、运动和游戏治疗。

⑮ 主动想象、运用直觉。

⑯ 冥想与祈祷。

⑰ 治疗性身体疗法。

⑱ 记日记或日志。

这些体验性技术应该在完整的康复项目中运用。在理想情况下，应该在了解治愈内在小孩原则的心理治疗师或咨询师的指导下运用。

为了进一步识别我们的丧失，尤其是未经哀伤的丧失，我收集了一些丧失的例子（见表 11-1）。回顾或参考表 5-3 也可以对表 11-1 进行补充。表 5-3 列出了一些我们在童年和成年后可能经历过的丧失与创伤。

表 11-1　一些丧失的例子

重要他人——亲密或有意义的关系
分离、离婚、排斥、遗弃、抛弃、死亡、堕胎、死产、疾病、搬家、子女离家等

自我部分
身体意象、疾病、意外事故、功能丧失、失控、自尊、独立、自我、期待、生活方式、需求、文化冲击、更换工作等

童年
健康教养、需求满足、健康发展（通过各阶段）、过渡性客体（毛毯、柔软的玩具等）、增添或失去兄弟姐妹或其他家庭成员、身体变化（如青春期、中年期、老年期）。丧失的威胁、父母分居或离婚

成人发展
过渡阶段，包括中年与老年生活

外界事物
金钱、财产、必需品（钥匙、钱包等）、汽车、有情感意义的事物、收藏品

资料来源：编写自 Simos，1979。

　　丧失可能是突然的、渐进的或长期的，可能是部分的，也可能是完整的、不明确的或持续的。丧失可能是独立事件、多个事件或累积而成的。丧失始终是因人而异的，可能具有象征意义。

　　丧失是一种普遍的经历，因为我们常常经历丧失，而且我们很容易也经常忽略它们。然而，丧失始终会威胁我们的自尊。事实上，每当我们的自尊受到打击，就会产生丧失（Simos，1979）。

　　虽然丧失的发生往往是孤立的、不易觉察的，但由此产生的哀伤会让我们想起之前未经哀伤的丧失。那些丧失一直储存在我们的无意识中。未经哀伤的丧失长久存在于我们的无意识里，它们没有时间的概念。因此，过去的丧失，甚至是能够让我们想起丧失的事物，和当下的丧失或对于过去丧失的记忆一样，都会让我们害怕在未来遭受进一步的丧失（Simos，1979）。

　　总而言之，过去的丧失和分离会对当下的丧失、分离与执念产生影响。所有这些因素都会影响我们对未来丧失的恐惧以及在未来形成执念的可能性（Simos，1979）。识别未经哀伤的丧失，是摆脱它对我们痛苦束缚的起点。

　　在酒精依赖及其他化学物质依赖、酗酒纵容、依赖共生或其他创伤的康复过程中，丧失可能是不堪重负的

事情。因此，我列举了十种应当为之哀伤的丧失，作为
进一步参考的例子，让可能受到丧失影响的人继续寻找
他们未经哀伤的丧失（见表 11-2）。

表 11-2　酒精成瘾、化学物质依赖、依赖共生、酗酒者成年子女
及其他有问题或不正常家庭的一些丧失

（1）期待、希望、信念

（2）自尊

（3）自我部分（除自尊以外）

（4）生活方式

（5）意识状态的瞬间改变和（或）疼痛的瞬间缓解（由于酒精、药物或
肾上腺素升高的作用）

（6）过去从未体验过的关系

（7）过去不完整的发展阶段

（8）过去未经哀伤的丧失与创伤

（9）当下关系的变化

（10）未来丧失的威胁

哀伤的阶段

　　急性哀伤往往会经历一个大致的过程：开始是震惊、
恐惧、焦虑和愤怒，然后逐渐发展为更多的痛苦和绝望。
之后这个过程会有一个积极或消极的结尾，这取决于这
次丧失的相关情况，以及这个人是否有机会为之哀伤
（Bowlby，1980）。

　　我们可以把这些阶段分成更详细的部分来进一步阐述。

　　阶段 1. 震惊、警觉和否认。

　　阶段 2. 急性哀伤，包括：

▶ 持续的、间歇性的、不断减少的否认。

▶ 身体和心理的痛苦与苦恼。

▶ 矛盾的吸引力、情绪和冲动。

▶ 搜索行为，包括沉浸在对丧失的思绪里，谈论及找回丧失之物的强迫行为，等待某事发生的感觉，漫无目的的徘徊与不安，失去方向的感觉，不知道该做什么，无法开始任何活动，时间暂停的感觉，混乱感以及生活不再有价值的感觉，困惑以及对周围事物的不真实感，害怕上述感觉都是精神疾病的症状。

▶ 哭泣、愤怒、内疚、羞耻。

▶ 对丧失之物的特质、价值观、表现、风格或特点产生认同。

▶ 退行或倒退回早期的行为或感受，或者与先前的丧失（或对丧失的反应）有关的行为或感受。

▶ 无助与抑郁、希望或绝望、解脱。

▶ 随着时间的推移，痛苦减少，应对能力增强。

▶ 在丧失中寻找意义的驱力。

▶ 开始设想没有丧失之物的新生活。

阶段 3. 整合丧失与哀伤。

▶ 如果结果是好的。接纳丧失的现实，恢复身心健
康；哭泣的频率和强度降低；自尊恢复；专注于
现在和未来；能够再次享受生活；高兴地意识到
自己从这次经历中获得了成长；重建新的身份认
同以弥补丧失，关于丧失的记忆不再充满痛苦，
而是充满了辛酸和关怀。

▶ 如果结果是坏的。接纳丧失的现实，但伴随着挥
之不去的抑郁和身体疼痛；低自尊；重建新的身
份认同，但人格和情感投入受到了限制，并且容
易受到其他分离与丧失的影响（Simos，1979）。

　　将这些阶段分解为几个部分，有助于我们形成并理
解哀伤过程的概念。然而，这些部分并不是孤立或依次
出现的——它们不会按照任何既定的顺序相继出现。相
反，它们往往相互交叉，并且涉及诸多方面，呈现出上
述的各种表现形式。

　　达娜是一个 28 岁的女人，在一个充满虐待的酗酒者
家庭中长大。十八九岁的时候，她也开始酗酒。4 年前，
也就是 24 岁的时候，她戒了酒，开始接受酒精成瘾治

疗。她参加我们的酗酒者及其他问题家庭成年子女的治疗性团体已经大约两年了，取得了明显的进步。在和男友分手的时候，她对大家说："我伤得很深。我再也不愿意受伤了，这种空虚太难受了。我两周前和男朋友分手了。这周我开始哭泣，而且一哭就停不下来。我意识到，让我感觉如此糟糕，不仅因为分手，还因为我失去了内心的那个小女孩。我每晚回家都是哭着入睡的。"说到这里，她哭了，停顿了很长一段时间。"我简直不敢相信，那个小女孩竟然受到了如此恶劣的对待，但这是事实。"

开始为一种丧失（与男朋友的关系）而哀伤的时候，她想起了对于另一种丧失（内在小孩遭受的不良对待与虐待）的未完成的哀伤。这个例子说明了哀伤并不总是像第一眼看到的那么简单。当然，达娜已经为内在小孩的丧失哀伤一段日子了，不过这种哀伤并不完整，其表现形式包括与对她很糟糕的男人约会（强迫性重复），不信任她在匿名戒酒互助会中的互助者，在加入治疗性团体的第一年里不信任这个团体。但她渐渐地开始冒险，一点一点地讲出了自己的真实故事。现在她开始打破虚假自我和强迫性重复的束缚，并治愈自己的内在小孩了。

为了修通哀伤带来的痛苦，我们要在感受出现的时候体验它们，而不要试图改变它们。因此，哀伤是一项主动的工作。这是一种精神和情感的劳动，会使人筋疲力尽（Simos，1979）。这个过程很痛苦，所以我们常常试图回避。我们可能会试图用一些方式来回避哀伤，其中包括：

▶ 继续否认丧失。

▶ 用理智化的态度来看待丧失。

▶ 压抑自身的感受。

▶ "男子汉"心态（我很坚强、我能自己处理好）。

▶ 使用酒精或其他药物，或者依赖其他成瘾行为 / 执念。

▶ 长期试图找回丧失的东西。

虽然我们可以通过这些方法得到暂时的解脱，但不去感受哀伤只会延长我们的痛苦。总而言之，我们在回避哀伤时消耗的能量，与我们为丧失或创伤感到哀伤时消耗的能量一样多。如果我们在哀伤时产生某种感受，我们就能减弱它对我们的影响。

在治愈内在小孩的过程中，我们可能会发现，我们一直在逃避为很久以前的丧失或创伤做哀伤工作。然而，由于我们无法为之哀伤，我们长久以来承受了许多痛苦。对我们当中的一些人来说，现在可能应该开始修通并完成哀伤了。

¤   ¤   ¤

许多方法都有助于我们产生感受，并且帮助我们在感受出现的时候体验它们。我在前文"识别我们的丧失与创伤"部分列出了几种可以采用的体验性技术。前两种对我们来说是最容易做的：与安全的、具有支持性的人一起冒险和分享，以及讲述我们自己的故事。我在下一章会阐述这些话题。

12

Healing The
Child Within

第 12 章

继续哀伤
冒险、分享并讲述我们的故事

当我们开始冒险

当我们冒险的时候，我们就会暴露出自我、内在小孩、真我。冒险会让我们变得脆弱。当我们这样做的时候，可能会出现两种极端的结果——接纳与排斥。无论我们决定让自己冒什么风险，别人都可能接纳或排斥我们——也可能做出介于两者之间的反应。

我们中有许多人可能因冒险而受过伤害（在童年、青春期、成年后，也可能三个时期都有），所以我们通常不愿或不能冒险，不能与他人分享真实自我。然而，我们陷入了两难境地：当我们把感受、想法、担忧、创造力憋在心里时，我们的内在小孩就会遭到扼杀，我们会感觉不好、受伤。我们内心压抑的能量可能会越积越多，我们唯一能处理这种能量的方式就是将其释放给某个人。这是许多成长于问题家庭的人都会面临的困境。由于很多因素的影响，比如我们对认同、认可、兴奋与亲密的寻求，我们可能会选择不安全的、缺乏支持性的分享对象。事实上，他们可能会以某种方式排斥或背叛我们，这可能只会证实我们对冒险的排斥。于是我们再次把所有感受埋在心底，这种循环永不停息。然而，要治愈我们的内在小孩，我们就必须把他分享给他人。我们该从哪儿开始呢？

我们可以一步一步地做，而不必把感受憋在心里，然后冲动地、随意地发泄出来。找一个我们知道是安全的、具有支持性的人，比如值得信任的朋友、咨询师或心理治疗师、治疗性团体或互助者。从小事开始冒险。请遵循前文阐述的"分享 – 检查 – 分享"指导原则（Gravitz，Bowden，1985）。如果这样做有效，那就多分享一些。

冒险与分享还会涉及其他几个核心问题，包括难以信任、控制、难以感受、害怕被抛弃、"全或无"式思维与行为，以及对不当行为高度容忍。每当这些问题出现时，思考它们是很有用的，甚至可以开始与安全的人讨论它们。

随着我们开始冒险，我们可以逐渐开始讲述我们的故事。

讲述我们的故事

讲述我们的故事，是发现和治愈内在小孩的一种很有效的行为。这种行为是在自助团体、团体治疗和个体心理治疗与咨询中康复的基础。

我们的每个故事都包含三个基本组成部分：启程、启蒙和归来（Campbell，1949）。十二步骤自助团体将团体成员的故事分为"我们过去的样子""过去发生的事"以及"我们现在的样子"。在团体治疗中，人们可能会将讲故事称为冒险、分享、参与以及在团体中"工作"。在个体咨询或心理治疗中，我们可能会用类似的名称来形容故事。精神分析师可能会称之为"自由联想、修通移情与未解决的内部冲突"。在亲密朋友之间，我们可能会称之为"交心"或"谈心"。

在分享和讲述我们的故事时，我们可能会意识到，说闲话和沉湎于痛苦通常会对治疗起到反作用。这在一定程度上是因为闲话往往是有攻击性的，而不是自我表露。闲话是不完整的，往往会采取受害者的立场，陷入受害者的循环。沉湎于痛苦是指我们不断地表达痛苦，超出了健康哀伤的合理时长。这样做是有危险的，在一些自助团体活动中可以看到这种危险：一个人试图讲述痛苦的故事，却没有明显或直接的解决方法，其他成员可能会不知不觉地把这种行为视为"自怜"或"自怨自艾"。在这种情况下，尽管自助团体一般是安全的、具有支持性的，但哀伤的人可能也应该寻找其他场合表达自己的痛苦。

西莫斯（Simos，1979）说过："哀伤的过程必须与人分享。然而，在分享的过程中，不能因为重复而产生不耐烦、指责或厌倦。因为对于丧失的现实来说，重复是宣泄、内化以及最终无意识接纳的必要途径。哀伤者对他人的感受很敏感，他们不仅不会向那些他们认为无法分担哀伤的人透露自己的感受，甚至会试图安慰帮助他们的人（即倾听者）。"

我们的故事不必是典型的"酗酒纪实"或者很冗长。在讲述故事的时候，我们要谈论生活中重要的、有意义的、令人困惑的、左右为难的或者痛苦的事情。我们要冒险、分享、互动、发现等。通过这种方式，我们就治愈了自己。我们可以倾听别人的故事，别人也能倾听我们，也许最有治愈效果的一点是，我们这些讲故事的人能够听到自己的故事。每当我们讲故事时，我们可能对故事有着自己的想法，但讲出来的时候，故事可能与我们最初的想法有所不同。

我在图 12-1 中阐释了我们的故事。从圆圈上那个叫作"满足"的点开始，我们可能会忘记自己身在故事里。我们必然会在日常生活中体验到丧失，无论是真实的丧失还是丧失的威胁。此时，我们要开始哀伤与成长了。在图 12-1 中，我将多数哀伤初期的痛苦总结为受伤。在我们感觉受伤的时候，我们通常会生气。

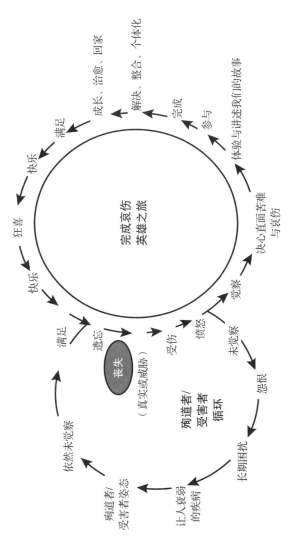

图 12-1　我们的故事

在这个关键的点上，我们可能会意识到，我们经历了丧失或产生了一些烦恼。我们在这时可以选择做出承诺，直面情绪痛苦和哀伤。这样一来，我们就可以把这个故事的循环称为"完整"的故事或"英雄之旅"。我们也可能没有意识到，我们完全有可能修通丧失与烦恼带来的痛苦。在这种情况下，我们可能会开始积累怨恨情绪并（或）责备自己，这最终会导致与应激相关的疾病，而这比一开始就修通烦恼和哀伤会带来更持久的痛苦。我们可以将这种循环称作"殉道者 / 受害者循环"或"殉道者 / 受害者姿态"。

如果我们决心修通自己的痛苦和哀伤，我们就会开始分享、表达、参与，并体验我们的哀伤。我们可能需要以这种方式，在几小时、几天、几周甚至几个月的时间里，定期讲述几次我们的故事——这样才能最终让我们的故事变得完整。我们可能还得从其他方面思考这个故事，反复琢磨，在梦中探索，甚至还要再讲一遍。

虽然这对我们来说很痛苦，但现在我们的烦恼或冲突过程已经完成了。我们已经摆脱了痛苦。我们的冲突现在已经得到了解决和整合。我们从中吸取了经验教训。我们治愈了内在小孩，获得了成长。我们可以安然地回到内在小孩的自然状态，也就是满足、快乐、充满创造力的状态。

然而，开始讲述我们的故事可能是很难的。我们在讲述的时候，可能很难表达对这个故事的感受。我们最难以觉察和表达的感受之一就是愤怒。

对于哀伤和治愈内在小孩来说，愤怒都是一个主要的组成部分。

了解我们的愤怒

愤怒是我们最常见、最重要的感受之一。就像其他感受一样，愤怒表明了我们可能需要关注的事情。

在问题家庭中长大的人往往没有意识到自己有多愤怒，也没有意识到觉察和表达愤怒对他们多有帮助，即使他们遭受的创伤和不良对待发生在许多年前也是如此。在童年和青春期里，他们经常反复遭受不良对待。这种不良对待可能很难觉察。在第9章"对不当行为高度容忍"中我们谈到，许多儿童和成年人往往没有意识到他们遭受了不良对待。由于没有其他参照点来检验现实，他们认为自己曾经受到的对待（通常现在依然在受到这样的对待）是合适或合理的。或者，如果他们知道自己受到的对待不合理，也会认为自己应该受到这种对待。

通过倾听别人的康复故事，我们慢慢地了解了什么是不良对待、虐待或忽视。研究表明，在团体治疗或个体治疗的康复中，觉察并表达我们的感受，特别有助于我们过上成功而平静的生活。发现自己遭受不良对待之后，我们就可以开始哀伤与哀悼的过程了。这个过程既是必要的，也会让人如释重负。觉察并表达我们的愤怒是哀伤过程的重要组成部分。

十二步骤自助团体有少许不足之处，其中之一就是他们对感受和情绪（尤其是痛苦的情绪）怀有隐藏的恐惧。他们甚至有这样一个说法："H. A. L. T."也就是说，不要太饥饿（hungry）、太愤怒（angry）、太孤独（lonely）、太疲惫（tired）。刚刚开始康复的人很容易把这句话理解为"压抑自己的感受"，但其更准确的意思是"照顾好自己，这样有助于自己不被这些感受压垮"。

许多康复中的人都害怕表达自己的愤怒。他们经常担心，如果自己真的生气了，就可能会失控。然后他们就可能会伤害别人、伤害自己，或者其他不好的事情就会发生。如果探索自己的感受，他们通常会发现，自己的愤怒不是一种表面上的烦恼，其实是一种暴怒。暴怒是很可怕的。害怕觉察并充分表达我们的愤怒是正常的。

愤怒可能通常会伴随着躯体或神经症状，如颤抖、摇晃、惊恐、食欲不振，甚至兴奋的感觉。觉察并表达愤怒可能让我们获得解脱。然而，在一个有问题的家庭或环境中，对于感受的健康觉察和表达都得不到鼓励，甚至可能是被禁止的。

无论是在童年、青春期还是成年期，我们都会经历丧失或创伤——无论是真实发生的，还是以威胁的形式存在。在这样的经历中，我们最基本的反应是恐惧和受伤。然而，在无法表达感受的环境里，我们会感觉好像是自己造成了丧失或创伤。我们会感到羞耻和内疚，但这些感受也不能公开表达。因此，我们在接下来可能会感到更加愤怒。如果我们试图表达，又会遭到压制。不断填塞或压抑这样的感受，我们的内在小孩就会感到困惑、悲伤、羞耻和空虚。这些痛苦的感受不断累积，我们就会开始变得无法忍受。由于屡次无法表达情绪，我们唯一的选择似乎就是尽力把情绪全部屏蔽——变得麻木。

实际上，我们还有四个选择。我们在长大后可能学会这些做法：①把情绪憋在心里，直到无法忍受；②如果不能把情绪释放出来，我们就会产生身体上或情绪上的疾病，而且（或者）可能会"爆发"；③用酒精、其他药物或成瘾行为来消除痛苦；④表达痛苦，并与安全的、具有支持性的人一同修通它。

用酒精或其他药物（无论是医生开的还是自行服用的）消除痛苦，通常不会起到长期的效果，而且可能会有危险。尤其是对酗酒者的子女或孙辈而言更加危险，因为酗酒或其他药物依赖的倾向会在家族内遗传。这种做法也会阻碍或延迟哀伤过程的健康完结。这里有一个问题，那就是我们中许多人都曾因为痛苦而求助，求助对象会给我们开药来减轻我们的痛苦，但不会告诉我们，我们正处于哀伤的过程中，也不会鼓励我们去修通这种哀伤。

把痛苦憋在心里，直到无法忍受，彻底"爆发"——这种发泄方式通常存在于问题家庭里。虽然这样做可能比喝酒、服药或麻木更有效，但不如在痛苦出现的时候，对安全的、具有支持性的人表达这种痛苦有效。

保护我们的父母：哀伤的障碍

在第 11 章中，我列出了 6 种我们可能会用来回避哀伤之痛的方法：继续否认丧失、用理智化的态度来看待丧失、压抑自身的感受、"男子汉"心态、使用酒精或其他药物，以及长期试图找回丧失的东西。

为了进一步讨论愤怒，我们现在可以谈谈另一种阻碍哀伤的因素：保护我们的父母、其他承担父母责任的人以及权威人士免受我们愤怒的影响。在哀伤和发现内在小孩之前或期间，我们可能会有这样的感觉、信念或担忧：对父母生气是不合适的，会有不好的事情发生。这种信念和恐惧可能在一定程度上与本书和别处（Black，1981）阐述的"不许谈论、不许感受"的规则有关。在下面的表 12-1 中，我列出了我们在童年和成年后保护父母免受愤怒影响的方式。

表 12-1　保护父母（从而阻碍治愈）的回答、方法和策略

类别	经常听到的话
（1）断然否认	"我的童年很好。"
（2）安抚："是的，但是……"，与感受脱节	"的确有这件事，但是……他们（父母）尽力了。"
（3）把创伤的痛苦视为幻想	"事情其实不是这样的。"
（4）对于排斥的无意识恐惧	"如果我表达愤怒，他们就不会爱我了。"
（5）对未知的恐惧	"可能会发生一些糟糕的事情。我可能会伤害别人，或者他们可能会伤害我。"
（6）接受指责	"我才是坏人。"
（7）原谅父母	"我就原谅他们吧。"或"我已经原谅他们了。"
（8）攻击提出康复建议的人	"你不该建议我表达伤痛和愤怒，也不该说我父母可能做得不好。"

　　第一种方法是断然否认。我们可能会说"哦，我的童年很好"或者"我的童年很正常"这样的话。这就是我们的创伤。许多酗酒者、有问题或不正常家庭的成年子女不记得 75% 或更多的童年经历。然而，根据我的临床经验，通过康复的工作，大多数成年子女都能修通否

认，逐渐发现他们未经哀伤的丧失或创伤，并修通它们。在团体治疗、酗酒者成年子女自助团体及其他场合倾听别人的故事，有助于识别和发现我们自身的经历。然后我们就能开始哀伤的过程了，其中包括愤怒。

第二种保护父母的回答、方法或策略就是采取安抚的态度，例如"没错，我的童年可能不太好，但父母已经尽了他们最大的努力"。这通常是一种与自身感受脱节的做法。采用这种"没必要惹麻烦"的姿态，会阻碍我们开始必要的哀伤工作，摆脱我们的痛苦。

第三种方法是把我们的丧失或创伤的痛苦视为幻想。如果我们在精神分析治疗或精神分析取向的心理治疗中进行康复工作，这种态度常常是被投射到我们身上的。分析师或心理治疗师可能会提出或暗示，如果创伤发生在了我们身上，我们永远不会以它本来发生的方式记住它，从而暗示创伤只是一个幻想。这种行为使创伤更加严重，再次否认了我们内在小孩的痛苦（Miller，1983）。我们最后可能会得出类似的结论："事情其实不是这样的。"

无论在哪种心理治疗或咨询中，我们可能都会听到这样的劝告：我们应该承认，我们现在的恐惧是没有根据的，我们的反抗是没有必要的，我们对于接纳的需求早已经被心理治疗师、咨询师或治疗性团体中的大伙儿所满足了。也可能会有人告诉我们：虽然我们可能会恨自己的父母，但我们也爱他们，他们做的错事都是出于对我们的爱。米勒（Miller，1984）说："这些话成年患者都知道，但他们很乐意再听一遍，因为这有助于他们再次否认、安抚和控制那个正要哭泣的内在小孩。通过这种方式，心理治疗师、治疗性团体或者他自己，就能说服那个小孩放弃他'愚蠢'的感受，因为这些感受在当前的情况下已经不再合适了（但依然强烈）。这样一来，一个本可以产生积极结果的过程，也就是小孩的真我觉醒与成熟的过程，就会被这种拒绝支持愤怒小孩的治疗方法所破坏。"为了摆脱不良对待，我们通常需要愤怒。

第四种保护父母、回避愤怒与哀伤的方式，就是害怕他们的排斥。我们可能会有这样的想法，或者说出这样的话，"如果我表达愤怒，他们就不会爱我了"或者"他们可能会再次把我当作坏小孩"。这是一种真实的恐惧。在这种恐惧进入意识中时，我们需要把它表达出来。

第五种方式是对未知或者对于表达感受的恐惧。我们可能会说或者会想："也许会发生一些很糟糕的事情。我可能会伤害别人，或者他们可能会伤害我。"这是我们在康复过程中需要表达的另一种真实的恐惧。

第六种方式是，我们也可能接受对自己的指责，说：

"我才是坏人。"

在第七种方式中，许多人会通过简单地"原谅"父母来回避自己的愤怒与哀伤。他们认为原谅是一件容易的事，所以才会说"我就原谅他们吧"。或者，更让真我窒息的话是："我已经原谅他们了。"然而，大多数这样说的人并没有完全原谅，因为原谅是一个类似（甚至在很大程度上等同于）哀伤的过程。

保护父母的最后一种方式，是攻击那些提出康复建议的人，尤其是提出我们需要做任何可能涉及向父母表达愤怒或指责父母的事情的人。我们可能会说一些这样的话，或有这样的想法："你不该提这种建议！"或者"你怎么敢说我的父母可能是坏人？"

我们会通过上述一种或多种方式，保护父母不受我们的伤痛和愤怒的影响。这样一来，我们扼杀了真我，削弱了自己从不必要的痛苦中康复的能力。不过，我们现在已经掌握了克服这些障碍的知识。现在，一旦我们开始使用这些方法（也许是在无意中，为了防止我们感到哀伤），我们就可以在准备好的时候放弃保护父母的做法。

表达我们的愤怒

我们现在已经知道，在治愈内在小孩的时候，觉察

并表达我们的愤怒是合适的、健康的。但是我们该如何
表达，向谁表达？

我们越来越清楚地知道，有些人能够倾听并帮助我
们处理我们的愤怒。这些人就是我之前提到过的安全的、
具有支持性的人——心理治疗师、咨询师、互助者、治
疗性团体和自助团体成员，以及值得信任的朋友。与他
们不同，还有些人因为这样或那样的原因，不能容忍我
们的愤怒，或不能倾听我们愤怒的原因。这些人可能包
括我们的父母，以及其他以某种方式让我们想起父母的
人。如果我们按照自己需要的方式，直接向父母或其他
这样的人表达心声，就不太可能获得完整的治愈体验。
这样的人很可能不明白我们想说什么、想做什么。他们
也可能会拒绝我们的表达、冒险的提议，而我们可能会
因此再次感到困惑、受伤和无力。如果我们能向这些人
表达愤怒，那将是一种宣泄，但这样做可能对我们没有
太大的好处，甚至可能导致自我伤害。因为这些人还没
有治愈他们的内在小孩，所以通常无法成为安全的、具
有支持性的人，无法参与他人的治愈过程。不过，我们
可以学着为这些人设置界限，这样他们就不会继续以不
良的方式对待我们了。我们要用坚定和爱意来设置界限，
不要带有攻击性，而要自信、果断。

虽然通过哀伤与原谅的过程，最终原谅父母和其他

以不良的方式对待我们的人通常是有帮助的，但重要的是，我们在这个过程中不能仓促冒进。有些心理治疗师和咨询师可能会坚持把与父母和解作为治疗的直接或最终目标。然而，过早地朝这个方向努力，实际上会阻碍我们发现和治愈内在小孩。一般而言，我们最好循序渐进。

即使花了很长时间去发现和治愈内在小孩，我们可能也无法弥合与父母之间的分歧。我们会意识到，自己无法解决他们的问题。他们就是那样，我们做什么都无法改变。于是，我们就能放手了。

有些人的父母或身边的其他人（如酗酒者、有暴力倾向或其他虐待倾向的人）对他们而言是"有毒的"。对于他们来说，与这些人分开几个月到一年，或更长时间，可能会有所帮助。这样的分离期或"解毒"期，能提供一个空间、一种平和的状态，让他们得以开始发现和治愈内在小孩。

其他情况

一般而言，我们被丧失的东西或哀伤的事件伤得越重，就会越生气。即使与那件丧失的东西之间有着较为健康的关系，我们仍然会生气，因为它让我们产生无助感和被剥夺感。我们也可能对其他人生气，包括我们认为对丧失负有某些责任的人，以及没有像我们一样受苦的人。最后，我们可能会为不得不支付心理咨询费用而生气，甚至会生咨询师或治疗师的气，因为他们会敦促我们去做哀伤的工作。

□　　□　　□

　　最后，修通愤怒和残余的哀伤之后，我们就会放下怒火和痛苦。在下一章中，我会讨论疗愈中的转变过程的各种特点。

13

Healing The
Child Within

第 13 章

转　　变

通过各种方式，包括做真实的自己、自我反思、参加治疗性团体或自助团体、接受心理咨询，许多人的生活发生了转变，变得更自由、更完整、更满足了。

转变是一种形态的改变，一种演进，一种重组。归根结底，是一种这样的改变：从把生活作为达成目的的手段，转变为把生活作为我们存在的表达。当我们发生转变的时候，我们的觉知或意识也会发生转变。我们会从现实与存在的一个领域转换到另一个领域。通过这样的转变，我们会成长并变得更高、更有力量、更平和，也更有创造力。在我们拥有更多的个人力量、更多的可能性和选择的同时，我们也会开始为改善自己的生活承担更多的责任（Whitfield，1985）。

在康复的转变阶段，我们会努力暴露出内在小孩的脆弱部分。几乎有些矛盾的是，我们还要汲取我们的内在小孩那部分固有的力量（George，Richo，1986）。我们会把生活中那些沉重的、不正常的部分，转变为积极的、更健康的部分。例如，当我们发现、修通并改善自身的核心问题，我们随后就可能发生转变。

在生活中做这样的转变可能并不容易。要做到这一点，我们必须冒险把自己的故事讲给安全的、具有支持性的人听。然而，在转变过程中，我们通常不会在前一天感到自卑，希望能够对自身感觉良好，第二天早上醒来的时候就拥有了健康的自尊。这种转变生活的努力包含一些具体的步骤。

一次只处理一个与我们有关的问题，或者我们遇到的问题，通常是推动转变过程最有效的方法。格拉维茨和鲍登称这种方法为"拆分"，也就是把解决问题的潜在计划或方法分解为步骤或组成部分见表 13-1。我在表 13-2 中给出了这些步骤的概述。

表 13-1　需要解决的康复问题及转变目标

康复问题	转变目标
为过去和当下的问题哀伤	为当下的丧失哀伤
难以做真实的自己	做真实的自己
忽视自身需求	满足自身需求
对他人过度负责	对自己负责，有明确的边界
低自尊	提高自尊
控制	承担责任，放弃控制
"全或无"式思维与行为	摆脱"全或无"式思维与行为
难以信任	适当地信任
难以感受	观察并运用感受
对不当行为高度容忍	知道什么是合适的，如果不知道，就询问安全的人
害怕被抛弃	摆脱被抛弃的恐惧
难以解决冲突	修通当下的冲突
难以付出和接受爱	爱自己、爱他人

表 13-2　在治愈内在小孩过程中转换与整合核心问题的一些步骤

康复问题	早期	中期	后期	康复后
（1）哀伤	识别丧失	学会哀伤	哀伤	为当下的丧失哀伤
（2）难以做真实的自己	发现真实的自己	练习做真实的自己		做真实的自己
（3）忽视自身需求	意识到自己有需求	发现自身需求	开始满足自身需求	满足自身需求
（4）对他人过度负责	识别边界	澄清边界	学会设置界限	对自己负责，有明确的边界
（5）低自尊	识别	分享	肯定	提高自尊
（6）控制	识别	开始放弃控制	承担责任	承担责任，放弃控制
（7）"全或无"式思维与行为	发现与识别	熟悉"既……又……"的选择	解脱	摆脱"全或无"式思维与行为
（8）难以信任	意识到信任是有用的	有选择地信任	学会信任安全的人	适当地信任
（9）难以感受	发现与识别	体验	运用	观察与运用感受
（10）对不当行为高度容忍	思考什么合适，什么不合适	了解什么合适，什么不合适	学会设置界限	知道什么是合适的，如果不知道，就询问安全的人
（11）害怕被抛弃	意识到自己被抛弃或忽视了	谈论	为被抛弃的遭遇而哀伤	摆脱被抛弃的恐惧
（12）难以处理和解决冲突	发现与冒险	练习表达感受	解决冲突	修通当下的冲突
（13）（14）难以付出和接受爱	界定爱	练习爱	原谅与改善	爱自己、爱他人

　　琼是一个 33 岁的女人，她的核心问题是忽视自身需求。从记事起，她就总是关注别人的需求，忽视自身需求。她养成了一种交往模式，总是寻找特别渴求关注的人，这种模式助长了她关注他人的问题。在团体治疗中，她说："以前我从来不知道自己有需求。这种想法对我来说很陌生，但我现在开始明白这一点了。我现在要努力满足的需求，就是能够放松、享受乐趣。对于自身需求来说，'努力'这个词可能听起来有些可笑，但这就是我在做的事。我总是很严肃，甚至不知道放松和快乐是什么感觉。我想我从来没有学着做一个孩子，学着像孩子一样玩耍。我总是特别负责。咨询师给我布置了一个任务，让我每天花 30 分钟去玩耍、放松、享受乐趣。她想让我在周末每天这样做一个小时。我不知道能否做到，但我在尝试。完成了第一天的任务之后，接下来的五天我都忘记了。所以我知道我在阻抗。"

　　满足需求的过程可以分解为几个步骤：首先意识到我们有需求，然后开始识别并准确地说出这些需求。这样我们就能开始修通忽视自身需求的问题了。仅仅完成这些有关自身需求的步骤，可能就需要几个月甚至更长的时间。最后，我们逐渐能够经常满足自己的一种或多种需求了。随着我们增强对自身需求的觉察，不断地努力满足并关注自身需求，生活会发生转变，使我们的需求在大部分时间里都能得到满足。

　　在觉察到核心问题后，我们就能处理它们了。随着我们觉察的增强，我们可以根据自身体验采取行动，按照事物的真实面目来称呼它们。我们会学着尊重自己的内部监控系统——我们的感觉和反应。我们不会再忽视这些至关重要的部分。我们会对自己的感觉和反应持开放的态度，这些都是真实自我的重要组成部分。

　　必要时，我们会使用前文的"分享－检查－分享"过程（Gravitz，Bowden，1985）。我们每次只分享少许信息，然后查看对方的反应。如果我们感觉到对方在倾听，听到了我们的话，并真诚对待我们，不会排斥或背叛我们，我们就可以选择多分享一些，然后再确认一次。

不再做受害者

　　我们也会开始看到我们现在做的事情和我们小时候发生的事情之间的联系。在分享自己故事的时候，我们会开始摆脱受害者或殉道者的姿态，打破强迫性重复。

　　理查德是一名 42 岁的父亲，有三个孩子，也是一名成功的商人。他曾结过两次婚，但两任妻子都是酗酒者。他目前正在与第二任妻子办理离婚手续。

在此之前，我根本没有意识到自己在做什么。在心理咨询和团体治疗的帮助下，我发现了一个伤害我的模式。我的母亲是个酗酒者，不过我从来都没意识到这一点，直到现在我才能承认这一点。我想我根本帮不了她，所以我必须离开，去寻找其他我能帮助的女人——但我没有意识到我在做什么。可是，我也帮不了她们。酗酒者家庭互助会和这个治疗性团体帮助我认识到了这一点。我现在看清了这一点，并且在努力避免重蹈覆辙。我现在觉得自己好多了。

理查德生活的一部分，以及他创造自己故事的方式、在故事中生活的方式都发生了转变。他转变的是自己的意识和行为。现在，他创造和讲述的生命故事，是一个康复的故事，也是曾经的殉道者 / 受害者的故事。这个殉道者 / 受害者曾在不知不觉间做出了强迫性重复的行为，但他现在更清楚自己的感受和行为了。正如我在"讲述我们的故事"这一部分所说的那样，他现在已经走出了殉道者 / 受害者循环，开始了英雄之旅。下面的表 13-3 进一步描述了这两种相反的转变过程的一些组成部分。

表 13-3　两种相反的转变过程的组成部分

殉道者 / 受害者循环	英雄之旅
虚假自我	真实自我
自我设限	自我扩张
彼时彼地	此时此地
未完成的事件	已完成和正在完成的事件
少有个人权利	有许多个人权利
停滞、退行	成长
很少分享	适当分享
相同的故事	发展的故事
强迫性重复	讲述自己的故事
冲动与强迫行为	自发的、流动的
大部分是无意识的	很多是有意识的
陷入无意识的困境	意识逐渐增强，不断地成为自己、做自己
不专注	专注
不参加康复项目	参加康复项目
不太愿意接受他人的意见	愿意接受安全的人的意见
不同程度的"干醉"⊖症状	修通痛苦，享受快乐
"靠自己"	共同创造
经常夸大	谦虚自信
可能性较低和选择较少	可能性较高和选择较多
"不快乐的梦"	"快乐的梦"［出自《奇迹课程》(*A Course in Miracles*)］
疾病	健康
诅咒	礼物

　　在康复过程中，我们的核心问题会多次浮现，我们在处理这些问题的时候，也会越来越注意它们。在这个过程中，我们会发现这些问题不是孤立的，而是常常相

　　⊖　"干醉"（dry drunk）是指一个人虽然戒了酒，但依然行为冲动、异常，会做出与成瘾行为相关的危险决定。——译者注

互作用，甚至相互包含。例如，信任问题经常与"全或无"式思维与行为、控制、低自尊等问题相互作用，甚至将这些问题包含在内。

放手、放下与原谅的过程

许多人为了从酗酒、化学物质依赖、暴食、神经症或其他形式的痛苦中康复，会参加十二步骤团体或其他康复项目。在定期参与这些项目，甚至在努力了两年或更久之后，这些人依然会有情绪痛苦。在一般的十二步骤团体活动中，如果有人提到家庭问题、愤怒或困惑的事情，团体成员往往会回避，或者有人会说："你为什么不放下（turn it over）呢？"就好像立即摆脱困惑和痛苦很容易一样。（这里"放下"通常是指把烦恼或怨恨转交给某种精神力量。）

然而，我们不能在不知道这种情绪是什么的情况下就"放下"。我们需要更深入地了解这种情绪——体验我们的冲突、感受和沮丧。我们不是用理性去体验，而是用我们的"肺腑与骨髓"、我们存在的核心或本质去深刻地体验。我们可以通过冒险、通过与安全的人谈论并讲述我们的故事来推动我们的体验。我们的创伤（无论是过去的还是现在的）越深，我们就会越频繁地讲述我们的故事，为没有得到我们想要的东西而哀伤。可能需要几个月，有时甚至需要几年的时间来谈论和表达我们关于创伤的感受。

只有像这样充分识别并体验痛苦之后，我们才能真正开始考虑我们有选择的可能性。我们面临的选择是：继续为我们发现的那些与我们有关的、让我们难过的事情感到痛苦，还是停止这种痛苦。如果我们选择停止痛苦，并且真正做好了准备，那么就可以放手（let go）了。通常只有在这种时候，我们才能"放下"，真正摆脱痛苦。这个循序渐进的过程有好几种名称，包括原谅过程、分离过程（detachment process）、放下、解除投注（decathexis），或者被简单地称为"放手"。

我们可以将这个过程总结如下：

① 觉察我们的难过或担忧。
② 体验这种感受，包括讲述与它有关的故事。
③ 考虑我们选择不再为此痛苦的可能性。
④ 放手。

在治愈内在小孩时，我们会通过识别（觉察）、体验和随后的放手来修通这个过程。由于多数人在一生中都经受过大量未经哀伤的丧失，所以修通它们可能需要很长时间。这是对我们耐心的考验。

自信果断

在治愈内在小孩过程的转变阶段，我们会意识到自信果断与攻击性之间的区别。攻击性通常涉及某种攻击行为——无论是言语的、非言语的还是身体上的。这种攻击行为可能会让我们得到想要的东西，但通常会让我们和对方都对这次交流感到难过或糟糕。相反，自信果断通常会帮助我们得到想要的或需要的东西，但不会让我们或对方感到难过或糟糕。事实上，判断我们是否自信果断的一个重要指标是，我们和对方对于互动都感觉不错甚至很好。

许多在有问题或不正常的家庭中长大的孩子，要么学会了攻击和操纵，要么学会了沉默或退缩。他们得不到自己想要或需要的东西。他们几乎从没有见过自信果断的榜样，很少得到这样的教导。因此在长大后，他们要么成为有攻击性和（或）善于操纵他人的人，要么成为被动的、"讨好他人"的人，也可能同时具有上面几种特征。

自信果断通常能让我们得到想要或需要的东西，但是这通常需要练习。我们可以和书中提到的安全的、具有支持性的人一起练习自信果断。做这项练习的一个特别有效的场合，就是治疗性团体。不过，有些人也会觉得需要参加自信果断的培训课程。

鲍勃是一名 30 岁的会计，他参加了一个针对问题家庭成年子女的治疗性团体。他在团体中很害羞、孤僻、安静。尽管很努力，但他似乎无法在团体中表达自己的观点。一个参加过自信果断培训的团体成员建议他也去上这门课。上了这门课后，无论是在团体内还是团体外，鲍勃都变得活跃、善于表达了。"我学会了为自己说话，"他告诉我们，"现在，只要有什么事在困扰我，或者我想要什么东西，我就会说出来。虽然这对我来说依然很难，但我现在会先思考自己想说什么，然后要求自己说出来。每一次当我成功做到自信果断时，表达自己都会变得更容易一些。"

当我们发生转变，变得更自信、更果断的时候，身边的人可能会为我们的改变感到惊异。他们甚至可能会试图让我们相信自己有问题，因为我们变了。

乔是一个 52 岁的已婚男人，有一个孩子。乔在一个有很多边界问题的家庭里长大——家人总是插手彼此的事情。乔的童年和成年后的大部分时间，都是在困惑、怨恨和悲伤中度过的。在康复的过程中，他开始变得果断、自信。"最近有一次，我父亲用很恶劣的态度对待我，我维护了自己。我感觉很好，因为我很自信、很果

断。后来，我母亲看到了我的果断态度，就对我妹妹说，
'不知道你哥哥最近怎么了。他不太一样了。我想知道他
到底出了什么问题。'……就好像我疯了一样。如果没有
妻子和这个团体可以让我倾诉，我可能会相信母亲的话，
我可能真的疯了。然而，我知道我没疯——事实上，我
变得更健康了。"

　　乔的经历，对于许多康复中的人以及治愈内在小孩
的人来说，都是很常见的。过去或现在认识我们的人可
能会注意到我们的变化。他们可能会发现我们身上某种
特定的变化，害怕他们有一天可能也不得不改变，这取
决于我们处于康复的哪个阶段。他们的恐惧可能会积累
得越来越多。为了处理这种恐惧，他们常常会以某种方
式把这种情绪发泄到别人身上——通常是他们看到发生
改变的人。对于有些人来说，看见别人发生改变是一种
威胁。

属于个人的"权利法案"

　　在转变阶段，我们会开始发现，我们作为独立的人，
是拥有某些权利的。小时候，甚至成年后，他人可能会
用很糟糕的方式对待我们，就好像我们只有很少的权利

或根本没有权利。我们可能也会逐渐相信自己没有权利。我们现在可能就过着仿佛没有权利的生活。

在治愈内在小孩的过程中，我们可以起草一份属于我们自己的"权利法案"。在我带领的治疗性团体中，我会要求团体成员思考他们拥有哪些权利，把这些权利写下来，并与团体成员分享。以下是几个团体总结的权利。

个人"权利法案"

1. 在我的生活中，除了勉强的生存以外，我还有很多选择。

2. 我有权利去发现和了解我的内在小孩。

3. 我有权利为我需要而没有得到的，或者我不需要、不想要却得到了的东西感到哀伤。

4. 我有权利遵循自己的价值观和准则。

5. 对于任何我没有做好准备、不安全或违背我价值观的事情，我有权利说"不"。

6. 我有权利获得尊严和尊重。

7. 我有权利做决定。

8. 我有权利决定哪些事情对我更重要，并遵照这样的决定行事。

9. 我的需求和愿望应当得到他人的尊重。

10. 对于让我感到贬损和羞辱的人，我有权利终止和他们的对话。

11. 我有权利不对他人的举止、行为、感受或问题负责。

12. 我有权利犯错，不必十全十美。

13. 我有权利表达我所有的感受。

14. 我有权利对我爱的人生气。

15. 我有权利做独一无二的自己，而不会觉得自己不够好。

16. 我有权利感到害怕，并说出"我害怕"。

17. 我有权利去感受并放下恐惧、内疚和羞耻。

18. 我有权利根据我的感受、判断或任何我选择的理由做出决定。

19. 我有权利在任何时候改变我的想法。

20. 我有快乐的权利。

21. 我有权利需要自己的空间和时间。

22. 我可以放松、开玩笑、不那么严肃。

23. 我有权利改变和成长。

24. 我有权利改善沟通技巧，以便让别人理解我。

25. 我有权利交朋友，与他人自在地相处。

26. 我有权利待在没有虐待的环境里。

27. 我可以比身边的人更健康。

28. 无论发生什么，我都可以照料自己。

29. 我有权利为真实的丧失或丧失的威胁而哀伤。

30. 我有权利相信那些赢得我信任的人。

31. 我有权利原谅他人、原谅自我。

32. 我有权利付出和接受无条件的爱。

你可能要考虑一下自己是否拥有这些权利。我相信，每个人都拥有上述的每一条权利，甚至不止这些。

在我们发生转变时，我们会开始将这种转变整合到自己的生活中。

14

Healing The
Child Within

第 14 章

整　　合

在我们发生转变时，我们会开始将这种转变整合并运用到日常生活中。整合的意思是把孤立的部分组合成一个整体。治愈意味着向着完整或整合发展——"逐渐变得有序"（Epstein，1986）。治愈和整合与过去的困惑和混乱截然相反。现在，我们会将自己从整个康复过程中所学到的、整合而来的东西，用于改善我们的生活。

到了这个阶段，在运用我们努力习得的成果时，我们的困惑和困难会越来越少。现在，我们只会做需要做的事，就像本能的反应一样。

在整合阶段，我们只需要做真实的自己，不需要为做自己而向任何人道歉。现在我们可以放松、玩耍、享受乐趣而不感到内疚了。与此同时，我们也学会了在符合自身需要的情况下设置界限。我们知道自己的权利，并按照权利行事。

我们可以用一张图来阐明治愈内在小孩的过程（见图 14-1）。在这幅图中，我们可以看到，康复不是一个

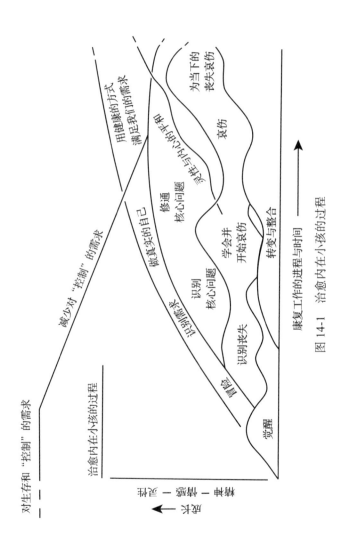

图 14-1　治愈内在小孩的过程

静止的事件。这件事不会简单地发生在我们身上，然后我们就能开始享受生活。康复不是一件"全或无"的事。相反，它是一个持续的过程，不断地在此时此地发生，发生在许多个此时此地的事件里。

在康复过程中，我们不会只有一次觉醒。我们会觉醒许多次。我们不会只冒险讲述一次故事。我们会多次讲述我们的故事——我们会时而受伤、哀伤、成长，但总的来说，我们享受自己的生活。

我们会开始从过去和现在的经历中发现丧失，并在它们出现的时候为之哀伤。当核心问题浮现出来时，我们会谈论并修通它们。识别自己的问题时，我们可能会发现，有两种问题经常出现："全或无"式思维与行为、控制。根据我们未经哀伤的丧失的数量和严重程度，我们可能不得不运用这种思维与行为来求生（见图 14-1 左上方）。作为小孩子，我们几乎没有其他应对方式。然而，在转变与整合阶段，我们已经开始摆脱这些方式对我们的控制了。在这个过程中，我们会发现，我们对控制的需求正在逐渐减少。

我们会开始识别自己的需求，并寻找健康的方式来满足它们。我们还会通过"做真实的自己"的练习让自己变得更加真实。

我们可以从图 14-1 的各步骤中看出，治愈内在小孩通常不是一个线性的过程。相反，它往往是有起伏、有循环的，以螺旋上升的方式发展，就像我们的故事一样。每当我们完成并整合出一个故事——我们人生故事中的一个特定"片段"，我们就能再创造一个更新、更宏大、更真实或更真诚的故事。故事的真实与真诚，与我们自身的真实有关，也就是与做我们真实的自己有关。随着我们在生活中的进步与成长，我们会撰写与创造越来越宏大的故事，然后将故事整合到生活中去（见图 14-2）。

在我们的治愈、整合和成长过程中，经常会出现退行、倒退或退步。对于所获得的一切，我们可能会觉得再度失去。我们可能感到困惑、绝望和痛苦。这是我们的故事中、人生中至关重要的部分。这是一个机会，能让我们了解内在小孩的某些重要事实。如果我们能停留在自己的感受里，停留在当下时刻（也就是"现在"）的体验里，那么尽管看似失去了一切，我们很可能会再次发现：摆脱痛苦的方法就是经历它。通过体验痛苦，对值得信任的人讲述自己的故事，我们能帮助自己走完痛苦的过程。

独自体验痛苦和快乐也对我们有好处。正是在这种孤独的时刻，我们可能会发现，生活中有一些比我们更有力量的东西。虽然这样做很难，但如果能鼓起勇气，我们甚至可以在谦卑和顺其自然的状态下走进自己的内心。

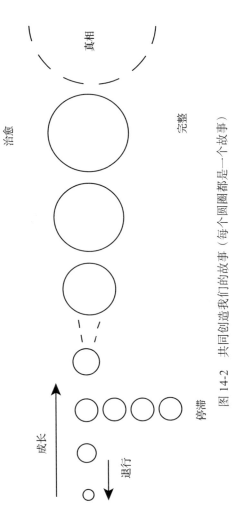

图 14-2　共同创造我们的故事（每个圆圈都是一个故事）

真相

治愈

完整

成长

退行

停滞

　　现在我们对这个过程已经很熟悉了。这不仅是我们的故事，也是在丧失出现的时候识别并为之哀伤的过程。在我们为丧失感到哀伤并讲述我们的故事时，我们会想到一种新的可能性：有时我们可以后退一步，观察这件事情。如果我们能再后退一步，仔细观察，我们会开始发现许多故事中都有一种模式：有起有伏、有成长也有退行，但整体上一直在上升、扩张（见图 14-3）。假以时日，这就会成为我们的康复与成长。

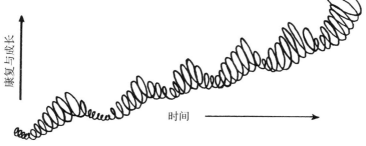

图 14-3　通过体验、讲述我们的故事与观察来获得成长与康复

　　小时候，我们在特定环境中求生，不得不忍受糟糕的对待。现在我们不必再忍受了。我们有了一个选择。

　　整合通常发生在完整参加康复项目的 3 ～ 5 年后。在这个时候，如果压力再次让我们体验到求生阶段的感受，我们能够觉醒过来，并迅速发现核心问题，快速进入转变阶段，提醒自己发生了什么，如何让自己免受不良对待，以及我们确实拥有边界与选择（Gravitz，

Bowden，1986）。我们不再需要把精力浪费在否认上，因为我们现在能感觉并看清事物的真实面貌。与过去相比，我们只会在困境中停留很短的时间。

我们不再需要停下来有意识地思考发生了什么——尽管这样做是完全正常的。现在我们只需要采取行动。我们已经完全找回了真实自我，这既包括在我们愿意的时候做真实的自己，也包括在某些情况下或者在某些人身边决定不做真实的自己。如果我们确实经历了丧失，感受到了害怕、难过或产生了年龄退行，我们也会使这种经历为己所用，这个过程有时快，有时慢。

我们会为他人设置适当的边界与界限。如果有人欺负或忽视我们，我们要么会说"不，你不能再这样做了"，要么会离开。我们不会再逆来顺受，假装一切正常（Gravitz，Bowden，1986）。我们不再是受害者或殉道者。

到这个时候，我们治愈内在小孩的旅程在一定程度上可以用下面这首波西娅·纳尔逊（Portia Nelson）的诗来总结。

人生的五个短章

（1）我走在街上。

人行道上有一个深坑。

我跌进去了。

我不知身在何处……我感到绝望。

这不是我的错。

我花了好长时间才爬出来。

（2）我又走上了那一条街。

人行道上有一个深坑。

我假装没有看见。

我又跌进去了。

我不敢相信我会摔进同一个坑里。

但这不是我的错。

我又花了好长时间才爬出来。

（3）我又走上了那一条街。

人行道上有一个深坑。

我看见了坑。

我依然跌进去了……这已经成了习惯。

我看得清清楚楚，

我知道自己身在何处。

这是我的错。

我立即爬了出来。

（4）我又走上了那一条街。

人行道上有一个深坑。

我绕道而行。

（5）我走上了另一条街。

© 1980，波西娅·纳尔逊

15

Healing The
Child Within

第 15 章

疗愈的重要阶段

在康复中，灵性是一个十分宽泛的领域，所以在这短短一章里，我只能稍加阐述。然而灵性在治愈内在小孩的过程中十分有用，有些人甚至会说这是至关重要的。

灵性是康复的最后"阶段"。矛盾的是，它永远不可能是一个阶段，而是一个持续的过程，始终与我们痛苦、治愈和内心的平静联系在一起。

相关定义

在最简单的定义中，灵性指的是我们与自我、他人和世界的关系。灵性以几个关键的概念和原则著称，其中一个就是，它是矛盾的。在其他情况下看似相反的情况、实体或体验能完美地在灵性中共存。例如，灵性既微妙又强大，就像我们的呼吸一样。我们在一天的大部分时间里甚至不会意识到自己在呼吸，然而呼吸又十分重要，如果停止呼吸，我们就会死去。

灵性是因人而异的。每个人都必须以自己的方式，自行发现灵性。它非常有用，因为它涉及一系列生活问题，从学会基本的信任到摆脱痛苦。灵性是体验性的。要欣赏、利用、觉察灵性，我们就必须体验它。我们无法通过智力或理性了解其最深刻的本质。它不是一种知识，而只是一种存在方式。

灵性是无法形容的。灵性包罗万象，即便我们读完了世界上所有伟大的典籍，倾听了所有导师的教诲，仍然不能完全理解它。灵性是有包容性、支持性的。它不排斥任何东西。

灵性具有治愈和促进成长的作用，因此最终能够让人满足。本书中所描述的发现与治愈之旅，归根结底是一趟灵性之旅，尽管我们通常在启程的时候不会这样想。随着我们进入和修通每一个治愈的阶段，我们都会进入下一个阶段。当我们从一个阶段进入下一阶段时，我们不会抛弃或抹杀前一个阶段。相反，我们会超越先前的阶段。这意味着，我们仍然会尊重和运用这些阶段的成果，因为这样做是合适的、自发的，但我们的身心功能与生活已经来到了全新的意识、觉知和存在层次。这些意识层次与看待我们康复之旅的几种不同理论模型都有相同之处。

如何看待我们的康复之旅

20 世纪四五十年代，马斯洛阐述了人类需求的层次
（见表 15-1）。这些层次是自下而上发展的：①生理需求，
即基本的生活或生存；②安全需求；③归属感与爱的需
求；④自我实现的需求，即认识真我并与之和谐相处；
⑤超越或灵性需求，也就是充分实现与高级自我有关的
真我。这些层次与表 4-1 中描述的需求类似，而表 4-1 更
详细地列出了人类需求。马斯洛的需求层次也与我们在
本书中描述的内在小孩的发现与康复有着相通之处。最
后要提到的是，这些需求层次也类似于人类的觉察或意
识层次。

表 15-1　相似的人类需求、发展和意识层次

马斯洛的需求层次	治愈内在小孩	意识层次
		统一
	运用灵性	
		关怀
超越		
	整合	理解（创造性、自然的知晓）
自我实现	转变	经历冲突的接纳（心灵）
	处理核心问题（探索）	"力量"（心智、自我）、"身份认同"
归属感与爱	觉醒（意识觉醒）	
安全		激情（情绪、基本性欲）
生理	求生	生存（食物、住所、安全、疾病）

　　在我们学着用多种方式看待、理解、"描绘"我们的康复之旅时，我们会发现这些方式是相似的，甚至是在用略微不同的方式看待同一段旅程。这三种方式也与十二步骤康复的道路相似：挺过酒精成瘾（或化学物质依赖、依赖共生、暴食或其他不良对待和痛苦），承认问题，不再孤立，开始分享自己的故事。当我们在这些步骤中取得进步时，接下来发生的就是自省、宣泄和人格改变，然后是人际关系改善，帮助他人，最后发现内心的平静。

　　我们在治愈内在小孩的过程中获得成长时，会开始注意到，我们的内在小孩不是仅局限于一两个存在、觉察或意识的层次里。相反，我们的内在小孩也包含类似的七个层次，并且存在于这七个层次上，如表 15-2 所示。

表 15-2　内在小孩的存在、觉察或意识层次

- 具有无条件的爱的孩子
- 充满关怀的孩子
- 有创造力的孩子
- 挣扎和成长的孩子
- 思考和推理的孩子
- 有感受的孩子
- 无助的婴儿

无助的婴儿

　　从下往上阅读表 15-2，我们会发现内在小孩的一部分是"无助的婴儿"。他需要照料和抚育。在沿着发展阶段成长时，我们首先需要的是爱、照料和抚育。只有这些需求得到了满足，我们才能进入下一个发展阶段。对于许多被忽视、受到不良对待的孩子来说，他们的这些需求没有得到满足，他们这一层次的发展没有完成。康复的任务中有一部分是学会满足自身需求，让自己得到抚育，这样我们就能重新经历这一阶段，完成未完成的发展任务。

我们还会发现，只有一个人能确保我们得到所需的抚育，那个人就是我们自己。然而，那不是作为虚假自我的自己。更确切地说，应该是我们完整的内在小孩。因此，我们的内在小孩既是抚育我们的人，也是那个迫切需要抚育的无助的婴儿，同时也是其他各个部分。我们是自己的抚育者。我们必须满足自己的需求。我们有时可能会让别人帮助我们得到我们所需的东西，但基本上只有我们才能满足自己的需求。我在表 4-1 中列出了我们的需求。

有感受的孩子

我们内心这个"有感受的孩子"充满了情绪。就像内在小孩的所有七个存在层次一样，这一层次与其他每个层次都是相互联系的。"有感受的孩子"能让我们知道何时需要关注某事。可能有些事情出了问题，比如产生了真正的危险或伤害，也可能发生了某些愉快的事情，还有可能产生了某些来自过去的情绪反应。无论这件事是什么，我们都能关注它（见第 10 章有关感受的部分）。

思考和推理的孩子

"思考和推理的孩子"与早期精神分析理论中的自我（ego）、心智或后来我们所说的自我（self）有关。许多人可能错误地认为他们就是这个孩子——这就是他们的"身份认同"。这个孩子也常常被误认为占据了"主导地位"，但他只是我们的一部分。

"思考和推理的孩子"可能是我们的真我中与虚假自我关系最直接的部分。我们甚至可以说他们是朋友。这个孩子比其他任何部分都了解虚假自我，因此当我们需要虚假自我时，他就能与之合作。许多人都有着夸大的、过度发展的"思考和推理的孩子"及虚假自我。

在康复过程中，我们会把内在小孩的其他部分表现出来，我们会变得更加平和、整合、个体化、健康。

挣扎和成长的孩子

"挣扎和成长的孩子"相当于意识的"心灵"（Heart）层次，是我们追求高级自我、获得内心宁静的关键。他是高级自我与低级自我（lower self）之间的桥梁。我们可以在一定程度上用"经历冲突的接纳"来形容这个孩子。它的意思是，要接纳"事实"，就需要首先意识或觉察事实，然后修通痛苦或享受乐趣，进而与事实和平共处。他与哀伤、原谅（放手、分离、放下）以及讲述我们的故事的过程有相似之处，因为他会利用这些过程来接纳、成长。

有创造力的孩子

你是否曾感觉到或知道某件事是真实的或正确的，但不需要任何理性的解释来证明这一点？在生活中，我们的"有创造力的孩子"会利用男性所说的"预感"或"本能反应"，以及女性所说的"直觉"来帮助我们自己。这部分的我们天然地、天生地知道一些事实。在我们的一生中，这部分内在小孩会定期为我们提供各种想法、灵感和创意的火花。比如，我们可以说，大多数伟大的艺术、科学、文学和戏剧作品都源于我们的这一部分。

然而，虚假自我有时会试图伪装成"有创造力的孩子"，而他的"直觉"经常会误导我们。因此，我们可以审视一下脑海中出现的任何灵感或直觉，看看它们会产生什么结果。如果这些灵感或直觉对我们有帮助，那就很可能来自"有创造力的孩子"。如果没有帮助，那就可能来自虚假自我。市面上有几本关于这个主题的书，比如弗朗西丝·沃恩（Frances Vaughan）的《觉醒的直觉》（*Awakening Intuition*）。

充满关怀的孩子

你是否曾经和某人待在一起，倾听他的故事，被感动得热泪盈眶；与此同时，你也知道他们正在受苦，或者曾经忍受过痛苦、体验过快乐，但你知道试图拯救、改变他们是毫无帮助的？如果有这样的经历，我们就是直接触碰到了"充满关怀的孩子"。事实上，在那一刻，我们就是"充满关怀的孩子"。

可以说，"充满关怀的孩子"是"有激情的孩子"的镜像或反面。"有激情的孩子"可能会试图解救、拯救或改变那个人。我们也可能会注意到，"有创造力的孩子"是"思考和推理的孩子"的镜像，"具有无条件的爱的孩子"则是"无助的婴儿"的镜像（见表15-2）。

具有无条件的爱的孩子

对许多人来说，我们的这一部分是最难理解、最难成为的。也许我们在成长过程中遭受了太多的不良对待，我们中有些人现在依然在遭受这种对待，以致于无法无条件地爱任何人，包括爱自己。由于这种问题很难解决，也由于我相信这个问题是受创伤的成年子女的核心康复问题，所以我会更详细地讨论。

爱与无条件的爱

低自尊是一种内在的缺陷感和无价值感，这是我们当中那些遭受过不良对待的人的普遍体验。在那些有酒精成瘾、药物依赖、进食障碍（或者经常感觉自己是受害者的类似问题）的人身上，低自尊也很常见。由于几种重要的原因，包括反复出现的童年创伤及后来的创伤，或者我们不能控制饮酒、服药、进食或别的任何事物，所以我们认为自己根本不值得被爱。

我们不会止步于相信自己不可爱，而是会进一步相信我们不需要爱。这种想法的意思是"我不想被爱"，最后变成"无论谁给我爱，我都不会接受"（Gravitz，Bowden，1985）。我们最后会有一种"冻结的感受"，也就是无法充分体验各种感受和情绪，尤其是爱。

在康复的过程中，我们通常会在自助团体、治疗性团体、咨询师、互助者或值得信任的朋友那里感受到无条件的爱，这样我们就能开始感受到爱的治愈作用。爱的确是我们最有效的疗愈资源，我们需要这样被爱好几年，才能好转并保持健康。然后我们才能开始用爱回报他人。

许多人都有一个问题，就是经常把爱当作有限的体验或实体，例如"坠入爱河"或迷恋的体验。在康复的过程中我们了解到，爱不仅是一种感受。更确切地说，爱是一种能量，会体现为一种承诺和意愿：敞开心扉致力于自己或所爱之人的全面成长，包括身体、精神、情感和灵性维度的成长（Peck，1978）。

在康复的成长过程中，我们会开始看到几种不同的爱。根据七个意识层次，我在表 15-3 中列出了这些类型的爱。通过这种分类，我们可以看到，对于低级自我来说，爱是渴求、"化学反应"或迷恋、占有、强烈的倾慕甚至崇拜——简言之，就是传统的浪漫之爱。许多人成长于问题家庭，其内在小孩遭受过扼杀，他们会被困在这些较低的层次或者感受爱的方式里。在治愈内在小孩的过程中，我们最终会发现、修通并上升至更高层次的爱——包括经历冲突的关怀、原谅、信任、致力于自己和所爱之人的成长、无条件的共情与接纳，以及纯粹的、平和的存在。通过发现、体验与放手，以及利用许多人阐述和教导过的灵性实践的方法，我们能够逐渐向每个人心中都有的爱敞开心扉（Whitfield，1985；2006）。

表 15-3 界定自我的一些临床治疗性特征：人类意识各层次上的爱、真相、治愈与力量

（层次 1～3 代表低级自我）

意识层次	爱	真相	治愈	力量
⑦统一	平和的存在	平和的存在	平和的存在	平和的存在
⑥关怀	无条件的共情与接纳	爱与接纳	爱与接纳	爱与接纳
⑤理解	致力于成长	创造性	正确的决定	智慧
④接纳/心灵	原谅	原谅	原谅	原谅
③心智/自我	崇拜、占有	体验、信念	预防、教育、心理层面	自信果断、说服力
②激情	"化学反应"	感觉	抚育	操纵
①生存	渴求	科学	身体层面	身体力量

资料来源：出自 Whitfield, 1985。

最后，我们会了解到，爱是治愈我们的东西。归根结底，在团体治疗、心理咨询、友谊、冥想或其他任何方法中，治愈我们的东西就是爱。我们不再需要害怕或逃避爱，因为我们知道它存在于我们的内心，是内在小孩核心的、治愈的部分。

我们的观察者自我

在康复过程中，随着进步与成长，我们会发现，我们的一部分，也许是内在小孩的高级自我中的部分，能够后退一步，审视、见证或观察我们生活中发生的事情。例如，许多人都有极度难过，并从难过的感受中超脱出来的体验，他们甚至会发现，自己实际上在观察难过的自己。有时他们还会有脱离身体的体验，这样他们就能看见自身或自身的形象处在痛苦中的样子。这种能力可以通过练习引导性或全现想象（eidetic imagery）与视觉化的技巧予以增强。闭上眼睛，我们就会用视觉化或其他方式想象自己关注的场景或活动。然后，我们就可以想象消除痛苦的积极方法。我们可以在冥想的时候做这件事情。如果用有益的方法来做这件事，这就是一种健康的行为。

戴克曼（Deikman，1982）等人将我们的这种强大而让人解脱的部分称为观察者自我（observer self）或观察性自我（observing self）。西方心理学文献用"ego"一词来表示观察性自我中的"自我"（即 observing ego），但没有探讨"ego"的特殊性质，及它对于理解自我有何启示。因此，西方心理学依然没能澄清观察者自我的心理动力、含义与重要性，其自我理论仍然有些混乱。

观察性自我是我们康复的核心。图 15-1 说明了这一点。这幅图表明了自我（或"客体自我"⊖）与观察性自我的相互关系。这里的自我关注的是思考、感受、行为、渴望及其他生存取向的活动。（这种较为古老、不太有用的自我概念既包括虚假自我，也包括真我。）然而，观察者自我（我们真实自我的一部分）同时观察着我们的虚假自我和真我。我们甚至可以说，我们在观察的时候，它也在观察着我们。观察者自我是我们的意识，是内在小孩的核心体验。因此，它无法被观察——至少无法被我们所知的世界上的任何人或物所观察。它超越了我们的五种感官、我们的虚假自我，以及我们所有其他低级但必要的部分。

⊖ 客体自我（object self）是戴克曼提出的概念，指可观察范围内的自我。——译者注

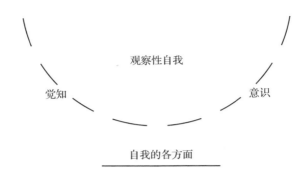

思考、计划、解决、担忧

情绪、感受、情感

行动、行为、功能

渴望、愿望、幻想

图 15-1　观察性自我与自我（客体自我）的关系

资料来源：汇编自 Deikman，1982。

经受创伤的成年子女可能会错把自己的观察者自我当作某种他们可能会用于回避真实自我及其所有感受的防御。我们可以将这种防御称为"虚假观察者自我"，因为它的觉知是模糊的。虚假观察者自我没有焦点，因为它会使人"恍惚"或"麻木"。它会否认和扭曲我们的内在小孩，而且通常是带有评判的。相比之下，"真实观察者自我"拥有更清晰的觉知，观察得更准确，并倾向于接纳。下页的表 15-4 大致总结了两者的差异。

表 15-4　真实观察者自我与虚假观察者自我之间的一些差异

	真实观察者自我	虚假观察者自我
觉知	清晰	模糊
焦点	观察	"恍惚"或"麻木"
感受	准确地观察	否认
态度	接纳	评判

通过扩展我们的意识，我们很快就能发现自己在一出更宏大的"戏剧"里所扮演的角色——这出戏剧就是"世界的戏剧"（cosmic drama）。通过观看自己的"舞蹈"或"表演"，我们可以发现观察者自我是我们的这个部分：当我们意识到我们在"努力前进"的时候，这个部分能够后退一步，借助想象的力量观察"前进"这种行为。这样一来，我们就能把幽默这种强大的保护因素带入"戏剧"里——嘲笑自己如此严肃地对待这一切。

戴克曼（Deikman，1982）说过："观察性自我不属于我们的思维和感知所塑造的客体世界，因为它实际上是没有界限的，而其他所有事物都有界限。因此，日常的意识里包含着一种我们很少注意到的超验的元素（transcendent element），这种元素正是我们经验的基础。说它'超验'并非言过其实，因为如果主观意识（观察性自我）本身无法被观察，而是永远存在于意识之外，那它很可能与其他所有东西都截然不同。如果我们能够意识到观察性自我是没有特征的，那么它完全不同于其他事物的性质就很好理解了。它不受世界的影响，就像镜子不受它所反映的图像的影响。"

随着观察者自我变得越来越明显，低级自我或客体自我就会逐渐消退。对于低级自我的原始性认同[○]（primary identification）往往与痛苦和疾病有关。然而，要过渡到并保持观察者自我的状态，就需要我们建立强大而灵活的自我，而这是治愈内在小孩的一部分。

获得内心的宁静

随着我们越来越熟悉自己的观察者自我，熟悉灵性的治愈力量，我们就可以开始构建一个获得内心宁静、内在平和与幸福的可能途径。我在《酒精成瘾与灵性》一书中简要叙述了以下内容，而在这里我将更详细地讨论其中的每一项。

获得宁静的可能途径

1. 我们不了解自己的"旅程"，我们是有局限性的（谦卑）：我们可以研究具有普遍性的"规律"，接

○ 也见译作"原初认同""原发性认同"，本意是指客体关系出现以前，婴儿对于客体的原始情感依恋，这种依恋无法将自身与客体区分开来。——译者注

近这样的规律，并承认我们缺乏终极知识的事实。由于人有这种局限性，几个世纪以来的智者总结出了如下内容。

2. 伟大的精神力量存在于我们每个人身上，而我们也存在于伟大的精神力量之中。

3. 我们可以把现实看作觉知、意识或存在的层级结构。

4. 我们要回"家"（我们自己就是"家"，不仅现在是，一直都是）。在这个世界上，"家"存在于我们所有独特的觉知或意识层次中。

5. 要回"家"就会遭遇冲突（波折、"世界的戏剧"）。这种冲突或创造性的压力在某种程度上是对我们有用的，可能那就是一条回"家"的道路。

6. 我们拥有选择。在这个世界上，我们可以用身体、自我/心智和人际关系，让我们的分离和痛苦更加严重；也可以把它们作为我们灵魂、精神或高级自我的媒介，助我们回"家"，并为归来而庆祝。

7. 伟大的精神力量（"家"）就是爱。

8. 我们可以通过体验（包括活在"当下"）、回忆、原谅和顺其自然来消除获取伟大精神力量的障碍（归根结底，它们可以被视为一回事）。定期的灵性练习可以帮助我们做到这一点。

9. 分离、痛苦和邪恶都是爱的缺乏，因此它们归根结底都是幻觉。它们也是我们追寻爱、身心完整、回"家"的表现形式。所以，邪恶或黑暗归根结底是为光明服务的。

10. 我们通过信念、思维和行动创造了属于自己的故事。我们在头脑和心灵中所相信、所想、所感受到的东西，通常都会经过我们的创造，出现在我们的经历与生活中。我们付出什么，就会收获什么。内心有什么，外在就会有相应的表现。

11. 生活是一种进程、力量或流动的过程，经由我们，而不是由我们去过生活展现出来。如果我们顺其自然，也就是跟随着生活的过程，为我们的参与负责，那我们就能成为生活的共同创造者。这样一来，我们就能摆脱对抗生活流动的执念而产生的痛苦。

12. 内心的平和或宁静，就是知晓、践行上述的一切，并按照这些方式存在。我们最终会发现自己已经获得了宁静，回到了"家"中，并且一向如此。

詹姆斯的案例说明了上述的一些原则。詹姆斯是一个 42 岁的男人，在一个酗酒者家庭中长大。他的父亲一直有酗酒的问题，而母亲经常扮演和颜悦色的依赖共生者角色。虽然詹姆斯在成年后没有表现出酗酒的迹象，但他逐渐意识到自己处于极度的困惑和痛苦中。最后，他参加了酗酒者家庭互助会以及酗酒者成年子女自助团体。在大约六年之后，他的生活有了一些改善。他将自己康复的灵性部分的重要性与意义总结如下。

　　这些年来，我参加了很多次酗酒者家庭互助会和酗酒者成年子女自助团体的活动，大概每周一两次。我很想好起来，但我似乎并没有好转。不过，似乎有种什么东西在激励我继续参加活动。我一直认为，做一个坚强的人对我来说很重要，我把坚强等同于独立。对我来说，这就意味着不要说太多话。我相信我可以靠自己康复，不需要任何人的帮助。我把信任、顺其自然或依赖他人看作软弱，所有这些在我看来都是某种疾病。有这些特征的人在我看来都是病人。当然，我觉得我比他们更健康，或者说比他们更好。现在回想起来，我觉得这一切都可能是必要的防御，让我能够继续参加活动，而不被我隐藏的感受和需要为康复做出的改变所压垮。

　　那段时间，我在团体活动中遇到了一个非常傲慢、很不快乐的女人。我很讨厌她，所以我尽量避开她参与的活动。

我觉得她没希望了，我肯定比她好。可后来我看到了她的变化。她傲慢的态度开始改变了，对我和其他人也变得友好了。她看上去更快乐了。虽然我不愿承认，但我对她的积极变化感到羡慕，而这种感受是她这个我从未欣赏过的人带来的。我也想要一些这样的改变。

所以，我开始思考她到底发生了什么事，以及我怎样才能得到一些平静或快乐。我的许多想法和感受都开始围绕着这个问题。我过了40年不快乐和困惑的日子。我开始阅读一些与灵性有关的文献，也开始练习。几个月后，我也体验到了一种转变，这个过程大约持续了两周。我自己的态度改变了，我放下了对父亲和其他人的怨恨。（当然，我也在我的愤怒、其他感受以及其他问题等方面做了许多工作。）这是我之前一直都无法做到的事情。我首先把健康重新定义为幸福，然后把幸福重新定义为需要他人，在他们面前放下戒备、顺其自然，并参与灵性活动。这种做法让一切都不同了。

詹姆斯的故事说明了通往宁静之路（见前文列出的清单）的几项原则。他经历了冲突与挣扎（第5条）。他讨厌那个女人，他利用了他们人际关系里的挣扎，作为灵性进步与成长的媒介（第 6 条）。他意识到了自己的冲突与痛苦，于是开始了定期的灵性练习（第 8 条）。他最终说出了自己想要的东西，他在提要求的时候是真诚的、谦逊的（第 10 条）；而且，他顺应了生活的过程（第 11 条）。最后，他找到了他所寻找的东西，这种东西存在于他的内心，而不在其他地方（第 12 条）。

从传统或常规的角度来看，获得宁静、内心平和或幸福的方法通常是寻求快乐或回避痛苦，也可能两者兼有。在"寻求"的方法中，寻求幸福的方法可能包括寻求享乐、关注他人（进而导致依赖共生）、"做好人"，以及等待未来进入天堂后获得内心平和的奖励。在"回避痛苦"的方法里，我们可能会试图忽视痛苦，与之分离，或远离任何可能给我们带来冲突的情境。我们可能会问："这种寻求或回避的方法有没有为我们带来过持久的平和、幸福或宁静？"我这样问别人和问自己的时候，答案通常是"没有"。

对于这种情况，我们有一个选择：为自己无法获得幸福感到受伤、怨恨，并将我们的痛苦投射到别人身上。我们还有另一个选择，那就是可以在不幸福的时候，开始观察整个过程，观察虚假自我的"自我设限"。这样一来，我们就能开始看到，幸福不是我们主动获取的东西。相反，幸福、平和或宁静是我们的自然状态。在我们所有人为增添的感受与体验之下，在我们的自我设限之下，蕴藏着宁静本身。要获得宁静，我们不需要做什么，甚至什么也做不了。即使我们的成绩单上全得"A"，也是不够的。即使拥有三辆劳斯莱斯，手握100万美元，或者和"梦中情人"结婚，也是不够的。我们没办法赢得或取得幸福，也不存在某种方法能让我们值得拥有幸福。相反，幸福是我们固有的、已有的、一向都有的（Course，1976）。

对于经受创伤的成年子女来说，接受"我们天生就是幸福的"这一观点可能很难，我想我能理解他们。在治愈内在小孩的过程中，认识到"我们已经且一直都是幸福的"会变得越来越容易。我发现，通过每天的灵性练习，比如冥想，以及阅读与灵性有关的书籍，都有助于获得宁静。

有些读者可能对这种"灵性"的概念持怀疑态度，有些人可能对此感到困惑。还有些人根本不相信这一套，甚至可能会觉得"这个作者肯定是疯了"。相比之下，其他人可能会在阅读这本书时找到一些慰藉，也会有些人在书中找到很多有用的资料。无论你有哪种反应，我都邀请你遵从自己的反应与直觉，然后加以反思，并且在你觉得合适的时候找人谈一谈。利用你可以利用的东西，然后把其他的放下。灵性对我而言是有用的，我也见过它帮助成百上千的人治愈他们的内在小孩。

Healing The
Child Within

关于康复方法的说明

许多与酗酒者或其他有问题、不正常家庭的成年子女一同工作的临床工作者，都相信团体治疗是康复工作的主要治疗方法。当团体治疗与某个全面的康复项目结合在一起时，我认同这样的观点。这类康复项目包括：

▶ 治疗成瘾、强迫行为或执念的方法（如酒精成瘾、化学物质依赖、进食障碍等）。

▶ 参加自助团体，利用互助者以及遵循十二步骤或类似的康复概念。

▶ 接受关于自身问题与康复技巧的教育。

▶ 住院治疗创伤——短期或强化治疗均可，视意愿或推荐而定。

▶ 如本书所述的个体咨询或心理治疗。

我相信，现有的、整体性的、身体、精神－情感以及灵性康复项目都会考虑上述要素。如果能满足这些条件，那么团体治疗这种主要的治疗选择就具备了许多优点。下面列举了一些优点。

针对成年子女的团体治疗的一些优点

① 团体成员会有几个"治疗师"，而不是只有一个（我建议每个团体有两名团体带领者，最多七八名经常参加活动的成员。）

② 团体会再现成员家庭里的许多方面，从而为他们提供一种媒介（例如移情、投射），修通与各自家人有关的情感联结、冲突与挣扎。

③ 团体成员可以看到处于不同康复阶段的榜样。能够看到团体里的人在生活中和治愈内在小孩的过程中，产生决定性甚至戏剧性的积极改变，是一件特别有鼓舞和治愈作用的事情。

④ 有了训练有素、技巧娴熟的团体带领者，团体就能处理具体的生活问题，包括身体、精神－情感以及灵性等各领域的康复。

⑤ 一般而言，团体治疗有一些众所周知的优点，例如能够得到认同、认可、反馈、适当而不伤人的对抗、支持，以及团体治疗中的许多其他有用的因素与心理动力。

　　养成足够的自我疗愈技能与力量，克服并取代消极条件反射、受害者姿态和强迫性重复，发现和治愈我们的内在小孩，通常需要花 3～5 年或更长时间来参与全面的康复项目。

　　康复不是一个理智或理性的过程，也不是一个容易的过程。这是一个体验性的过程，包含了兴奋、沮丧、痛苦和快乐，并且会逐渐形成一种个人成长的整体模式。康复需要极大的勇气。尽管用语言无法充分解释治愈内在小孩的过程，但我还是做了这样的初步尝试。

　　为了将治愈的过程持续下去，读者可以考虑看看我的另一本书——《给自己的礼物》。它是一本工作手册和指南，描述了许多能够帮助人们实现治愈过程的具体步骤。

查尔斯·怀特菲尔德
于佐治亚州亚特兰大

○　○　○
Healing
The Child Within
○　○　○ 致　　谢

　　特别感谢以下诸位，他们阅读了本书的初稿并提出了建设性的建议：

　　Herb Gravitz、Julie Bowden、Vicki Mermelstein、Rebecca Peres、Jerry Hunt、John Femino、Jeanne Harper、Barbara Ensor、Lucy Robe、John Davis、Doug Hedrick、Mary Jackson、Barry Tuchfeld、Bob Subby 以及 Anne Wilson Schaef。

　　对以下诸位的转载许可表示由衷的感谢：

Portia Nelson's "Autobiography in Five Short Chapters", ©1980

Portia Nelson, reprinted The Popular Library Edition.

Portia Nelson's *There's a Hole in my Sidewalk*, ©1977 Portia Nelson, permission in process.

Arthur Deikman's quote from his book *The Observing Self*, ©1972 Arthur Deikman, Beacon Press, Boston.

Alice Miller's quote from her book *Thou Shalt Not Be Aware*, ©1984 Alice Miller, Farrar Straus Giroux, New York.

Bruce Fischer's illustration "Cycle of Shame and Compulsive Behavior," ©1986 Bruce Fischer.

American Psychiatric Association's "Severity Rating of Psychosocial Stressors", from *DSM-III*, ©1980 American Psychiatric Association.

In modified form, "Questions for Adult Children of Alcoholics", ©1985 Al-Anon Family Groups, Madison Square Station, New York.

The poem, "Please Hear What I'm Not Saying", ©1966 Charles C. Finn.

Anonymous author's poem, "Afraid of Night", by permission of the author.

Timmen Cermak's quotes from his book *Diagnosing and Treating Co-dependence*, ©1986 Timmen Cermak, The Johnson Institute.

○　○　○
Healing
The Child Within 　参考文献
○　○　○

○　○　○
Healing
The Child Within　参考文献
○　○　○

Ackerman RJ: *Children of Alcoholics: A Guidebook for Educators, Therapists and Parents (2nd ed.)*. Learning Publications, Holmes Beach, Florida, 1983

Ackerman RJ: *Growing in the Shadow*. Health Communications, Deerfield Beach, Florida, 1986

Adult Children: Alcoholic/Dysfunctional Families. World Service Organization, *www.adultchildren.org*. New ACA "Big Book" due late 2006

Adult Children of Alcoholics (ACA Central Service Board) Box 3216, Los Angeles, California 90505

Al-Anon Family Groups, PO Box 182, Madison Square Station, New York 10159

American Psychiatric Association. *DSM-II, III-R & IV: Diagnostic and Statistical Manual of Mental Disorders (3rd & 4th eds)*. Washington, DC, 1980 1986 & 1995

Anonymous: *A Course in Miracles*. Viking Penquin NewYork/Foundation for Inner Peace, Tiburon, California, 1976

Armstrong T: *The Radiant Child*. Quest, Wheaton, Illinois, 1985.

Black C: *It Will Never Happen To Me*. M.A.C. Publishing, Colorado, 1980

Black C: "Talk on Adult Children of Alcoholics", Gambrills, Maryland, 1984

Booz, Allen & Hamilton Inc: "An Assessment of the Needs and Resources for the Children of Alcoholic Parents". NIAAA Contract Report, 1974

Bowlby J: *Loss*. Basic Books, New York, 1980

Bowlby J: "On Knowing What You are not Supposed to Know and Feeling What You are not Supposed to Feel". Journal Canadian Psychiatric Association, 1979

Bowden JD and Gravitz HL: *Genesis*. Health Communications, Deerfield Beach, Florida, 1987

Briggs DC: *Your Child's Self-Esteem: Step-by-step Guidelines to Raising Responsible, Productive, Happy Children*. Doubleday Dolphin Books, Garden City, New York, 1970

Brown S: "Presentation at Second National Conference on Children of Alcoholics", Washington, DC, February 26, 1986

Campbell J: *The Hero With a Thousand Faces*. Princeton University Press, 1949

Cermak TL: *A Primer for Adult Children of Alcoholics*. Health Communications, Deerfield Beach, Florida, 1985

Cermak TL: *Diagnosing & Treating Co-Dependence: A Guide for Professionals who Work with Chemical Dependents, Their Spouses, and Children*. Johnson Institute, Minneapolis, Minnesota, 1986

Cermak TL, Brown S: "Interactional Group Therapy with the Adult Children of Alcoholics". International Journal Group Psychotherapy. 32:375–389, 1982.

Co-Dependents Anonymous, CoDA's "Big Book" *www.codependents.org*

Colgrave M; Bloomfield H; McWilliams: *How to Survive the Loss of a Love*. Bantam Books, New York, 1976

Cork M: *The Forgotten Children*. Addiction Research Foundation, Toronto, Canada, 1969

Deikman AJ: *The Observing Self*. Beacon Press, Boston, Massachusetts 1982

Dossey L: *Beyond Illness: Discovering the Experience of Health*. Shambhala, Boulder, Colorado, 1985

Dreitlein R: "Feelings in Recovery". Workshop, Rutgers Summer School on Alcohol Studies, New Brunswick, New Jersey, 1984

Eisenberg L: "Normal Child Development". In Freedman AM; Kaplan HI (eds.): *The Child: His Psychological and Cultural Development. Vol. 2, The Major Psychological Disorders and their Development*. Athenaeum, New York, 1972.

Fellitti VJ; Anda RF; Nordenberg D; et al: "Relationship of Childhood Abuse and Household Dysfunction to many of the Leading Causes of Death in Adults". American Journal of Preventive Medicine 14:245–258, 1998

Ferguson M: *The Aquarian Conspiracy: Personal and Social Transformation in the 1980's*. Tarcher, Los Angeles, California, 1980

Finn CC: Poem previously unpublished by author, and published several times attributed to "Anonymous" by others. Written in Chicago, 1966. Here published by permission of the author, personal communication, Fincastle, Virginia, March 1986

Fischer B: Workshop on "Shame". The Resource Group, Baltimore, Maryland, 1985

Forward S; Buck C: *Betrayal of Innocence: Incest and its Devastation*. Penguin Books, New York, 1978

Fossum MA; Mason MJ: *Facing Shame: Families in Recovery*. WW Norton, New York, 1986

Fox E: "Reawakening the Power of Your Wonder Child". In *Power Through Constructive Thinking*. Harper & Row, New York, 1940

Freud A: *The Ego and the Mechanisms of Defense. Revised Ed.* Int'l Universities Press, New York, 1966

Gil E: *Outgrowing the Pain. A Book for and about Adults Abused as Children*. Launch Press, Box 40174, San Francisco, California 94140, 1984

George D; Richo D: Workshop on "Child Within". Santa Barbara, California, April 1986

Gravitz HL, Bowden JD: *Recovery: A Guide for Adult Children of Alcoholics*. Learning Publications, Holmes Beach, Florida, 1985

Guntrip H: *Psychoanalytical Theory, Therapy and the Self: A Basic Guide to the Human Personality, in Freud, Erickson, Klein, Sullivan, Fairbairn, Hartman, Jacobsen and Winnicott*. Basic Books, Harper Torchbooks, New York, 1973

Hoffman B: *No One Is To Blame: Getting a Loving Divorce From Mom and Dad*. Science and Behavior Books, Palo Alto, California, 1979

Horney K: Chap 71 "The Holistic Approach" (Horney). By Kelman H in *American Handbook of Psychiatry*. Basic Books, New York, 1959

Jacoby M: *The Analytical Encounter: Transference and Human Relationship*. Inner City Books, Toronto, Canada, 1984

Jourard SM: *The Transparent Self*. Van Nostrand, New York, 1971

Jung CG; Kerenyi, C: *Essays on a Science of Mythology: The Myth of the Divine Child*. Billingen Series, Princeton, 1969

Kaufman G: Shame: *The Power of Caring*. Schenkman, Cambridge, Massachusetts, 1980

Kohut H: *The Analysis of the Self*. International Univ. Press, New York, 1971

Kritsberg W: *The Adult Children of Alcoholics Syndrome: From Discovery to Recovery*. Health Communications, Deerfield Beach, Florida, 1986

Kurtz E: *Not-God: A History of Alcoholism Anonymous*. Hazelden Educational Services, Center City, Minnesota, 1979

Kurtz E: *Shame and Guilt: Characteristics of the Dependency Cycle* (an Historical Perspective for Professionals). Hazelden, Center City, Minnesota, 1981

Lindemann E: "The Symptomatology and Management of Acute Grief". *American Journal of Psychiatry*, 101: 141–148, 1944.

Masterson JF: *The Real Self: A Developmental, Self and Objective Relations Approach*. Brunner/Mazel, New York, 1985

Miller A: *For Your Own Good: Hidden Cruelty in Childrearing and the Roots of Violence*. Farrar, Strauss, Giroux, New York, 1983

Miller A: *The Drama of the Gifted Child*. Harper, New York, 1981 and 1983

Miller A: *Thou Shall Not Be Aware: Society's Betrayal of the Child*. Farrar, Straus, Giroux, New York, 1984

Missildine WH: *Your Inner Child of the Past*. Pocket Books, New York, 1963

National Association for Children of Alcoholics. 11426 Rockville Pike, Suite 301, Rockville, Maryland 20852. 888-55-4COAS or 301-468-0985

Nelson P: "Autobiography in Five Short Chapters". In Nelson P: *There's a Hole in My Sidewalk*. Popular Library, New York, 1977

Pearce JC: *Magical Child: Rediscovering Nature's Plan for Our Children*. Bantam Books, New York, 1986

Peck MS: *The Road Less Traveled: A New Psychology of Love, Traditional Values and Spiritual Growth*. Simon & Schuster, New York, 1978

Rose AL, et al.: *The Feel Wheel*. Center for Studies of the Person. LaJolla, California, 1972

Samuel W: *The Child Within Us Lives!* Mountain Brook Pub., Mountain Brook, Alabama, 1986

Satir V: *Peoplemaking*. Science & Behavior Books, Palo Alto, California, 1972.

Schatzman M: *Soul Murder:* Persecution in the Family. New York, 1973

Simos BG: *A Time to Grieve:* Loss as a Universal Human Experience. Family Services Association of America, New York, 1979

Spitz R: Hospitalism in *the Psychoanalytic Study of the Child. Vol. 1*, Int'l University Press, New York, 1945

Vaughan F: *Awakening Intuition*. Anchor/Doubleday, New York, 1979

Vaughan F: *The Inward Arc: Healing & Wholeness in Psychotherapy and Spirituality*. Shambhala, Boston, Massachusetts, 1985

Viorst J: *Necessary Losses: The Loves, Illusions, Dependencies and Impossible Expectations That All of Us Have to Give Up in Order to Grow*. Simon &

Schuster, New York, 1986

Viscott D: *The Language of Feelings.* Pocket Books, New York, 1976

Ward M: *The Brilliant Function of Pain.* Optimus Books, New York, 1977

Wegscheider S: *Another Chance: Hope and Health for the Alcoholic Family.* Science and Behavior Books, Palo Alto, California, 1981

Weil A: *The Natural Mind.* Houghton Mifflin, New York, 1972.

Wheelis A: *How People Change.* Harper/Colophon, New York, 1983

Whitfield (Harris) B: *Spiritual Awakenings: Insights of the Near-Death Experience and Other Doorways to Our Soul.* Health Communications, Deerfield Beach, Florida, 1995

Whitfield CL: *A Gift to Myself: A Personal Workbook and Guide to Healing the Child Within.* Health Communications, Deerfield Beach, Florida, 1990. Also Published in *French.*

Whitfield CL: "Adverse Childhood Experience and Trauma" (editorial). *American Journal of Preventive Medicine,* 14(4):361–364, May, 1998

Whitfield CL: *Alcoholism and Spirituality.* (Private printing) Perrin & Tregett Rutherford, NJ, 1985

Whitfield CL: *Boundaries and Relationships: Knowing, Protecting and Enjoying the Self.* Health Communications, Deerfield Beach, Florida, 1993. Also published in *French* and *Spanish.*

Whitfield CL: "Children of Alcoholics; Treatment Issues. In *Services for Children of Alcoholics,* NIAAA Research Monograph 4, 1979

Whitfield CL: "Co-Alcoholism: Recognizing a Treatable Illness". Family and Community Health, Vol. 7, Summer, 1984

Whitfield CL: *Co-dependence: Healing the Human Condition: The New Paradigm for Helping Professionals and People in Recovery.* Health Communications, Deerfield Beach, Florida, 1991

Whitfield CL: "Co-Dependence: Our Most Common Addiction". Alcoholism Treatment Quarterly 6:1, 1989

Whitfield CL: *Memory and Abuse: Remembering and Healing the Effects of Trauma.* Health Communications, Deerfield Beach, Florida, 1995

Whitfield CL: *My Recovery: A Personal Plan for Healing.* Health Communications, Deerfield Beach, Florida, 2003

Whitfield CL; Silberg J; Fink P (eds): *Misinformation Concerning Child Sexual Abuse and Adult Survivors.* Haworth Press, New York, 2002

Whitfield CL: *The Truth about Depression: Choices for Healing.* Health Communications, Deerfield Beach, Florida, 2003. Also published in *Portuguese*

Whitfield CL: *The Truth about Mental Illness: Choices for Healing*. Health Communications, Deerfield Beach, Florida, 2004

Whitfield CL; Whitfield B; Park R; Prevatt J: *The Power of Humility: Choosing Peace over Conflict in Relationships*. Health Communications, Deerfield Beach, Florida, 2006

Wilber K: *No Boundary*. Shambhala, Boston, Massachusetts, 1979

Wilber K: *Eye to Eye: The Quest for a New Paradigm*. Anchor/ Doubleday, Garden City, New York, 1983

Winnicott DW: *Collected Papers*. Basic Books, New York, 1958